U0611824

年轻人决胜职场的9堂必修生存课

非你莫属

FeiNi MoShu

赵凡 编著

北京理工大学出版社
BEIJING INSTITUTE OF TECHNOLOGY PRESS

版权专有　侵权必究

图书在版编目（CIP）数据

非你莫属：年轻人决胜职场的9堂必修生存课 / 赵凡编著. —北京：北京理工大学出版社，2011.7

ISBN 978-7-5640-4544-9

Ⅰ. ①非… Ⅱ. ①赵… Ⅲ. ①成功心理－通俗读物 Ⅳ. ①B848.4-49

中国版本图书馆CIP数据核字（2011）第088017号

出版发行 / 北京理工大学出版社
社　　址 / 北京市海淀区中关村南大街5号
邮　　编 / 100081
电　　话 /（010）68914775（总编室）　68944990（批销中心）
　　　　　68911084（读者服务部）
网　　址 / http://www.bitpress.com.cn
经　　销 / 全国各地新华书店
印　　刷 / 北京市通州京华印刷制版厂
开　　本 / 710毫米×1000毫米　1/16
印　　张 / 15
字　　数 / 350千字
版　　次 / 2011年7月第1版　2011年7月第1次印刷
定　　价 / 29.80元

责任校对 / 陈玉梅
责任印制 / 边心超

图书出现印装质量问题，本社负责调换

序言：

决战职场的生存攻略

台湾著名漫画家朱德庸先生曾经说：“你可以不上学，你可以不上网，你可以不上当，你就是不能不上班。”可见，职场已经成为人们赖以生存的大环境，职场虽不是战场，但又犹如没有硝烟的战场，由于战场的客观存在，纷争就显示为残酷的现实。不要说你可以逃离这样的现实，为了生存，你不得不去面对它。在职场生存，你唯一能够依靠的只有你自己。年轻人，你自己有多少价值都应该竭尽全力表现出来，酒香不怕巷子深的时代过去了。自我包装同实力内容一样重要，不要因为形象的疏忽，而将自己的前程毁于一旦。

处于同一时代，面对同样的社会，为什么有的人成功，有的人平庸？在同一起点出发，为什么有的人总是领先，有的人总是落后？有的人成功于先，止步于后，有的人却后来居上绝尘而去？这就是职场里的生存攻略。

不管是职场上的新人还是旧人，都在忙碌地寻找着自己新的航向，人们在努力工作的同时，常常会遇到这样一些问题：“我为什么要做？我应该去做吗？我怎样做更好？怎样让别人按我说的去做，愿意按我说的去做？怎样达成最佳效果？”这些正是本书要说的几大话题：心态、规划、细节、上司、形象、同事、提升、能力、效率。尽早获得团队生活中所必需的积极性和柔韧性及临时应变的能力，掌握实际技巧来应对现实生活中的各种难题，不断地自我磨炼充实自己，最终成为经验丰富、工作游刃有余的职场“达人”。

职场要的是谦虚的态度，而不是行为。不会的可以学，积极主动的学习，虽然占用了工作和工作以外的时间，但最终收获最多的还是你自己。不是扶不起的一代，更不是职场中的任人乱捏的软柿子，而只有你自己才能证明。

生活就是先生下来，即使生于忧患，也要适者生存地活下去。你的老板、领导、下属、同事与利、权、义等无形间的摩擦，其实就是职场里的政治。职场纠结其实就如风平浪静的港湾下深埋的鲨鱼利齿板的礁石，随时都会让你在不经意间触礁翻船。

也就是在这个时刻，我的这本书也在业余时间写作了近一年的光阴后出炉了，希望能为那些正在找工作和将要找工作的朋友们提供一些比较有价值的帮助。当然，也衷心地祝福朋友们能够在本书的指点和帮助下找到一份适合自己的工作，并开创出一片属于自己的天地。

要想取得更好的职场业绩，恐怕没有什么灵丹妙药。我们不可能寄希望于简单地挥舞一下魔棒，就能轻而易举地获得更大的成功。你也不可能期望简单地将本书从头到尾看一遍，就给你带来新的生活。事实上，任何声称可以立竿见影的书籍都是想蒙蔽你的双眼。要取得成功就需要付出艰苦的努力。

目录：Contents

NO.8 能力/ ability：打造最给力的职场达人

NO.9 效率/ efficiency：瞎忙忙不出业绩

NO.1 心态/ mentality：抛开一切所谓的心理问题

职场是一个让人成长的地方，同时也是摧毁人的地方。职场的种种心理压力，通常是人们身心衰老的重要原因。在成功面前，心态决定一切。“走得慢的人，只要他不丧失目标，也比毫无目的地徘徊的人走得快”。因此，生活有时并不公正，然而，希望的大门对每个人总是永远敞开的。当一个人把生命和精力集中到一点上时，就可能做出令自己吃惊的事业。那么成功的基础必然就是良好的心态。在工作面前，心态决定一切。没有不重要的工作，只有不重视工作的人。不同的心态，成就不同的人生，有什么样的心态就会产生什么样的行为，从而决定不同的结果。

正确的价值观，把最好的一面带出来

每个人都必须知道他到底要的是什么，他最想要的是什么，他第二想要的是什么。支柱型员工必须在这一点上对自己有更高的要求。他必须拥有一个正确的价值观。

价值观是人们对人生价值的总的、根本的看法。价值观评价的标准是对社会发展和人类进步是否有利。对我们个人而言，正确的价值观就是在符合法律、社会道德规范的前提下，充分发挥自己的主观能动性，创造尽量多的社会财富，并在此过程中，实现自己的人生理想，为社会的稳定和发展作出自己的贡献。

要使生活有意义，生命有价值，我们必须作出正确的人生价值目标的选择，而这个正确的目标就是正确对待个人利益与社会利益的关系。把个人利益和社会利益结合起来，在为社会利益，为人民服务中实现个人利益，又以个人的发展和完善去促进社会的发展。人们所从事的事业不下千百种，但不论人们选择了什么样的事业目标，只要人们选择了正确的价值目标，个人的生活事件就有一以贯之的“灵魂”。没有价值目标的人生，是庸碌的人生、盲目的人生。错误的人生价值目标则把人生导向错误的方向，必然受到客观标准的限制，直至社会的惩罚。

每一个人，都应有正确的、崇高的价值观。为崇高的价值目标奋斗，既是为社会的美好也是为个人的美好而奋斗。美好的社会条件、丰富的物质生活条件都不是从来就有的，而是人们劳动创造的结果。人格的崇高、人品的至善也不是先天就有的，而是在后天的实践中养成的。个人在为社会的完善过程中完善自我，也就是价值观的实现。

当然，这一社会完善和个人的完善过程是永远不会完结的。价值观的实现，不论从个人还是从人类总体来看，都是无止境的。无止境的追求，这就是人生价值之真谛。无论是个人还是公司无止境的追求，只能说明你明确了目标，而作为一名支柱型员工，真正的价值是要为公司做出应有的社会效益和经济效益而得以认可，这就是你所在公司存在的价值。

为了要做到这一点，支柱型员工必须要有一个正确的价值观。也就是人家时常问："一生当中到底什么对你才是最重要的？"也许你的价值观看起来不是那么光辉四射，但那也是你的价值取向。只要你觉得你的价值观是正确的，是符合法律和社会道德规范的，是能够对社会的稳定和发展不会有阻碍的，那么，这就是你的正确的价值观，你就应该坚持你的价值观。

四年前，小李刚从北京某名牌大学毕业。那时候对他而言，最重要的是要成功。事实上现在这个想法有很大改变，他现在觉得健康是最重要的。如果他不健康的话，铁定不能很好地去工作，更谈不上有工作的最大激情，也同时会影响他工作以外的部分。因此，他觉得健康对他而言应该是最重要的。

在小李的价值观里，每个人的工作都是很重要的。而当前他的工作就是要认真地完成他工作上的使命，就是要为社会做一些有贡献的事情。与此同时，他觉得休闲娱乐对他自己而言也是非常重要的，所以他会不断去看电影，去看书，去游泳，去上些课程帮助自己放松。他觉得人生不应该每天过得很紧张，他必须要努力，同时他必须要很轻松地过他想要过的生活。他觉得这是成功的第三步，也就是明确个人的价值体系。

设定价值观的规则在于：自己能够主控的，不能主控的价值观是没有意义的；很容易达成，所设定的价值观能够轻松达成的，就能够使人快乐；每天都能做得到，每天都有一个小小的进步；至少有三项标志，以标志为导向，获得阶段性成功。

价值观对我们来说是重要的事情，它是一种感觉，用形容词来表示如健康、快乐、安全、感恩、幸福、进步等。人生的价值观和思想都表现在行动上，改变价值观和信念，我们才会有好的行动力。

勒住情绪的缰绳，别把自己逼入死角

一位哲人说："上帝要毁灭一个人，必先使他疯狂。"你如果要成为公司的支柱型员工，你要注意：控制情绪。应当学会控制自己的情绪，把精力投入冷静的思考中去。事业的成功在很大程度上依赖于情绪控制和严格自律。懂得自制是事业成功的前提。

从前有一个人提着网去打鱼，不巧这时下起了大雨。这个人非常生气："天气太讨厌了，早不下雨，晚不下雨，偏偏在我去打鱼的时候下。"于是一赌气将网撕破了，撕破了渔网还无法消除心中的怨气，他又气恼地一头栽进池塘，再也没有爬上来。多么可悲的傻瓜，怒火吞噬了他自己，他本可以等天晴了再去打鱼，下雨天反而可以好好休息一下，整理一下渔网。

1980年美国总统大选期间，里根在一次关键的电视辩论中，面对竞选对手卡特对他当演员时期的生活作风问题发起的蓄意攻击，他丝毫没有愤怒地表示，只是微微一笑，诙谐地调侃说："你又来这一套了。"一时间引得听众哈哈大笑，反而把卡特推入尴尬的境地从而为自己赢得了更多选民的信赖和支持，并最终获得了大选的胜利。

不能很好调整和控制自己情绪的人，结果是把工作越弄越糟，自己也受到了伤害，成了情绪的奴隶。

在20世纪60年代早期的美国，有一位很有才华、曾经做过大学校长的人，参加美国中西部某州的议会议员竞选。此人资历很高，又精明能干、博学多识，看起来很有希望赢得选举的胜利。但是，在选举的中期，有一个很小的谣言散布开来：三四年前，在该州首府举行的一次教育大会期间，他跟一位年轻女教师有那么一点暧昧的行为。这实在是一个弥天大谎，这位候选人对此感到非常愤怒，并尽力想要为自己辩解。由于按捺不住对这一恶毒谣言的怒火，在以后的每一次集会中，他都要极力澄清事实，证明自己的清白。

其实，大部分的选民根本没有听到过这件事，但是，现在人们却愈来愈相信有那么一回事，真是愈抹愈黑。公众们振振有词地反问："如果你真是无辜的，为什么要百般为自己狡辩呢？"如此火上浇油，这位候选人的情绪变得更坏，也更加气急败坏、声嘶力竭地在各种场合为自己洗刷，谴责谣言的传播。然而，这却更使人们对谣言信以为真。最悲哀的是，连他的太太也开始转而相信谣言，夫妻之间的亲密关系被破坏殆尽。最后他失败了，从此一蹶不振。

很难想象，一个喜怒无常的职场中人能做出什么大的成绩，因为他被坏情绪包围，无法集中精力、全心投入去做一份工作，而且还会因此而毁了自己的工作和生活。

人们遇到挫折时，愤怒是最容易办到的事，但也是最不明智的做法。相反，如果能转换情绪，冷静地多问、多思考自己之所以不成功的原因，你会成为一个真正发掘自己强项的成功者。

你的情绪会给你带来推动力，而这股动力很可能就是使你将决定转变为具体行动的力量。你如果控制和引导你的情绪，它就会给你带来信心和希望；而如果你压抑或者摧毁你的情绪，那失败就会不请自来。所有的情绪都是一种心理状态，也是你能掌握的对象。自律自制就是最好的武器。它会使你自己成为情绪的主宰，对逆境应对自如，从而以平静之心敏感地捕捉成功的机会。一个优秀的职业人，一个有志于成为公司支柱的员工，懂得如何控制自己的情绪，展现自己最适合的表情给别人，这是一种气度，更是一种魅力。

以胜利者的心态生活，以征服者的心态工作

职场中人一定要有好的心态，才能勇敢地迎接困难和挑战，走向成功的彼岸。我们无时无刻不在展现我们的心态，无时无刻不在表现希望或担忧。我们的声望以及他人对我们的评价，与我们的自信有很大的关联。如果我们都缺乏自信，那么别人不可能相信我们，如果别人因为我们的思想经常表现出消极软弱而认为我们无能和胆小，那么，我们将不可能被提升到一些责任重大的高级职位上去。

如果我们展示给人的是一种自信、勇毅和无所畏惧的印象，如果我们具有那种震慑人心的自信，那么，我们的事业就可能会获得巨大的成功。如果我们养成了一种必胜信心的习惯，那人们就会认为，我们比那些丧失信心或那些给人以软弱无能、自卑胆怯印象的人更有可能赢得未来，更有可能成为一代富有者。换句话说，自信和他信几乎同等重要，而要使他人相信我们，我们自身首先必须展现自信和必胜的精神。

以胜利者心态生活的人，以征服者心态生活的人，与那种以卑躬屈膝、唯命是从的被征服者心态生活的人相比，与那种仿佛在人类生存竞赛中遭到惨败的人相比，是有很大区别的。

像比尔·盖茨这样每个毛孔都热力四射的人，这样总给人以朝气蓬勃、能力超凡印象的人，与那种胆小怕事、自卑怯懦的人，与那种总是表现得软弱无能、缺乏勇气与活力的人比较一下吧！他们的影响有多么大的不同啊！世人都珍爱那种具有胜利者气度的人，那种给人以必胜信心的人和那种总是在期待成功的人。

面对滚雪球一样滚大的中国富豪群体，我们不能只是羡慕，只是眼红，只是嫉妒，而应该深思：为什么他们能够富起来，而我们却还在贫

困线上挣扎呢？像当年陈胜、吴广所说的："王侯将相宁有种乎？"今天我们也不禁要提出类似的疑问："发财致富宁有种乎？"

大家都生活在同一时代，看见的听到的都是一样的事物，机会也一样地摆在人们面前，为什么我们在财富上却截然不同呢？不是他们有特殊的本领，也不是他们有特殊的家庭背景，相反，他们基本上都是白手起家的。多的靠一两千元起家，少的只有几十元。许多人致富之前甚至比我们的条件更差。只不过他们比我们先行了一步。过去有过去赚钱的机会，现在有现在赚钱的途径。实际上，随着科技的进步与经济的发展，我们未来赚钱的机会更多。对此，我们完全应该充满自信。正如大陆首富，新希望集团总裁刘永好认为，只要有勇气投入新的生存方式中去，就可以显著地改善自己的收入状况。

包玉刚一条破船闯大海，当年曾引起不少人的嘲弄。包玉刚并不在乎别人的怀疑和嘲笑，他相信自己会成功。他抓住有利时机，正确决策，不断发展壮大自己的事业，终于成为雄踞"世界船王"宝座的名人巨富。他所创立的"环球航运集团"，在世界各地设有20多家分公司，曾拥有200多艘载重量超过2000万吨的商船队。他拥有的资产达50亿美元，曾位居香港十大财团的第三位。

包玉刚不是航运家，他的父辈也没有从事航运业的。中学毕业后，他当过学徒、伙计，后来又学做生意。30岁时曾任上海工商银行的副经理、副行长，并小有名气。31岁时包玉刚随全家迁到香港，他靠父亲仅有的一点资金，从事进出口贸易，但生意毫无起色。他拒绝了父亲要他投身房地产的要求，表明了欲从事航运的打算，因为航运竞争激烈，风险极大，亲朋好友纷纷劝阻他，以为他发疯了。

但是包玉刚却信心十足，他看好航运业并非异想天开。他根据在从事进出口贸易时获得的信息，坚信航运将会有很大发展前途。经过一番认真分析，他认为香港背靠大陆、通航世界，是商业贸易的集散地，其优越的地理环境有利于从事航运业。37岁的包玉刚正式决心搞航运，他确信自己能在大海上开创一番事业。于是，他抛开了他所熟悉的银行业、进出口贸易，投身于他并不熟悉的航运业，当时人们对他的举动纷纷讥笑讽刺。的确，对于穷得连一条旧船也买不起的外行，谁也不轻易把钱借给他，人们根本不相信他会成功。他四处借贷，但到处碰壁，尽管钱没借到，但他经营航运的决心却更加强了。后来，在一位朋友的帮助下，他终于贷款买来一条20年航龄的烧煤旧船。从此，包玉刚就靠这条整修一新的破船，挂帆起锚，跻身于航运业了。

包玉刚的平地崛起，令世界上许多大企业家为之震惊：他靠一条破船起家，经过无数次惊涛骇浪，渡过一个又一个难关，终于建起了自己的王国，结束了洋人垄断国际航运界的历史。回顾一下他成功的道路，他在困难和挑战面前所表现出的坚定信念，对我们每个人都有有益的启发。

在困难和挑战面前表现出好的心态，表现出坚定的信念，是企业对支柱型员工的要求。如果你希望在企业中有所作为，成为公司不可或缺的员工，那么你准备好了好的心态吗？

如何“爱你所做，如鱼得水”？——派克街鱼市的做法

要成为一个成功的上班族，就必须以成功为目标，同时还应掌握适当的方法。要知道，无论是初为上班族还是多年的上班族，无论在逆境还是顺境下工作，要永远保持愉快的心情都有其秘诀。只要掌握这些秘诀，就可以无往不胜。成功并不限于金钱上的成就，不能只根据收入数额高低，或自己在公司、单位的影响力大小来衡量自己的成功。这两个因素虽然很重要，但还不足以全面地阐释成功。许多人出色地实现了经济指标，但与真正的成功仍相去甚远。事实上，成功的本质有八部分，除了财富与自由之外，还有工作与事业、社交与人际关系、生活与休闲、健康与活力、家庭与婚姻、爱与关心以及自我价值的实现。

一、选择你的态度

马洛斯曾说过：

心若改变——你的态度跟着改变；

态度改变——你的习惯跟着改变；

习惯改变——你的性格跟着改变；

性格改变——你的人生跟着改变。

即使你无法选择工作本身，你可以选择采用什么方式工作，选择采用什么态度对待工作。卡耐基说过，要使别人喜欢你，首先你得改变对人的态度。把精神放得轻松一点，表情自然，笑容可掬，这样别人就会对你产生喜爱的感觉了。笑口常开的人常受很多人的欢迎。卖鱼的人都知道，他们每天要选择自己的态度。其中一位鱼贩说：“工作的时候，你是什么样的人？你是无奈、厌倦，还是想做出成绩？如果你希望举世

闻名，就要做得与众不同。”他们每天来到鱼市，同时也带来了自己的对待工作的态度。他们可以闷闷不乐，无精打采地度过一天；也可以带着不满的态度，毫无耐心地去激怒同事和顾客。他们选择带着阳光、带着微笑、带着愉快的心情上班，如此就会拥有美好的一天。书中引用了朗尼的外祖母洗碗的故事。外祖母总是带着爱心和微笑去工作。孙儿们都愿意帮厨，因为同外祖母一起洗碗特别有趣。在洗碗的时候，她会讲很多有趣的故事给他们听。有这样一位乐观的长辈，孩子们真是很有福气。直到最后朗尼才知道，其实外祖母根本就不喜欢洗碗，但她总是带着爱心去洗碗，她的精神一直影响着她的孙儿们。我想这种精神也会影响你我的，你会知道应该选择一天的时光怎样度过。只要我们工作一天，最好还是让这一天过得快乐。你觉得有道理吗？

现实生活中，总会有种种诱惑，让我们迷失自己：我们会因为别的单位的高薪而抱怨自己的老板过于吝啬，从而萌生去意；我们会因为朋友买了新房换了新车而自卑，从而挖空心思想赚更多的钱；我们会因为欣羡旧时同窗的博学甚至是学位头衔而感慨，不惜远渡重洋镀金……总之，我们会以无数事例来证明命运之不公平，从而达到折磨自己的目的。当大家都在急于摆脱一些什么，并且发现其实不过陷入另一个更大的陷阱时，幸福就一步一步地离我们越来越远了。我们对自己说：生命太短暂，不能把大好时光浪费在做不喜欢的事情上面，因此我们老是在寻找最理想的工作。这种想法非常危险，因为我们会为了找到理想的工作，而把眼光投注在未来，忽略了当下应该珍惜的美好时光，以及应把握的机会。

而事实上，在真实世界里，我们往往因为种种现实原因，而无法追求心目中理想的工作。许多人都有养家糊口的重担要扛，或是手头很紧、维生不易；再不就是怀才不遇而暂时屈就，真正能学以致用、发挥所长的差使始终无法寻觅。有这么多人被生活的重担牢牢限制住，根本没时间也没精力奢望能找什么焕然一新的工作。工作，其实是自己选择的。所以你可以选择一份喜爱的工作、可以发挥的工作、满足自我要求与期望的工作……然而，天下没有完美的工作（相信所有工作的人都能体验这句话）。与其抱怨同事不配合、老板小气、制度僵化……不如先想想，自己原本选择这份工作的心态是什么？如果工作还是能够满足原本的需要或者“虽不中亦不远矣”的话，管他不配合的同事、小气老板、烦琐制度……山不转水转。要求环境配合自己太难，不如转换个工作心态，也许不见得全然海阔天空，但至少应该会柳暗花明。如果换了工作心态却还是觉得毫无起色，请记得“工作，其实是自己选择的”。不过也别忘记“天下没有完美的工作”就是了！

爱上你的工作，以快乐的心情对待你的工作，让今天快乐，你的快乐也就会延展到其他人身上！

二、玩

用玩的心情对待你的工作，快乐每一天。当然，这里的“玩”并不是无所顾忌。工作起来应该毫不含糊，但是我们发现认真做事的同时，也可以乐在其中。不用太紧绷，这就叫和气生财吧！很多派克街的顾客觉得鱼贩们像是在玩儿，其实就是一群大孩子寻开心，当然是有礼貌的。这样做的好处是他们卖了很多鱼，员工流动率低，他们把那种单调乏味的工作做得很开心。同事之间成为朋友，就像获胜球队的队友一样。他们对工作本身和工作方式感到很自豪。而派克街鱼市也成了世界上著名的鱼市。除此之外，幸福的人会善待别人；玩会激发创造力；玩的时候时间过得很快；玩得尽兴有益于健康；工作本身就是一种奖赏，而不是获得奖赏的手段。我们怎样玩才能有更多的乐趣，创造更多的活力？

至于怎么玩儿，很简单，保持一份孩童般的天真就行了。娱乐之王迪斯尼公司的创始人沃尔特·迪斯尼说：“我要唤起的就是这个世界正在泯灭的‘孩子气的天真’。”迪斯尼也许没有什么，不仅没有大学学历，连高中也没读完；他没有财富，没有深厚的家庭、社会背景。他有的只是“孩子气的天真”，能与所有人想到一块儿的知觉以及百折不挠的勇气和毅力。而这个恰恰就是迪斯尼最大的财富，最大的智慧。这种智慧，用于沟通，是开启人类心扉的万能钥匙。由于经商，则是“哈佛学不到”的为商之道，几近于道家哲学鼻祖老子所谓的不可道的“常道”。这种智慧，启迪着沃尔特·迪斯尼的后继者创造了一个迪斯尼王国，启迪着更多的人去开拓无限的可能性。

我们总认为长大了，就应该有成熟的样子，于是我们渐渐变得不苟言笑，把不容侵犯的态度挂在脸上。其实何苦？只能增加人与人之间的冷漠。

为了钱，我们东西南北团团转；为了权，我们上下左右转团团；为了欲，我们上上下下奔窜；为了名，我们日日夜夜窜奔。其实我们真正快乐吗？幸福吗？一只风筝，再怎么飞，也飞不上万里高空，是因为被绳牵住；一匹壮硕的马，再怎么烈，也被马鞍套上任由鞭抽，是因为被绳牵住。那么，我们的人生，又常常被什么牵住了呢？名是绳，利是绳，欲是绳，尘世间的诱惑与牵挂都是绳。老禅者说：“众生就像那头牛一样，被许多烦恼痛苦的绳子缠缚着生生世世不得解脱。”何不轻松一些，“天真”一些，只要把握一个“度”，你的工作生活一样精彩！

三、让别人快乐

带着阳光、带着幽默、带着愉快的心情对待每一个人。鱼贩们不冷落每一个顾客或可能成为顾客的人，鱼贩和顾客一道度过了快乐的时光。他们采用吸引顾客的方式创造活力，树立品牌。让别人快乐对业务有好处；好好服务我们的客户，会让我们体会到助人为乐的成就感；可以让我们集中精力，抛开自己的问题，为别人提供无微不至的服务。这样做将形成良性循环令人愉快，也让人释放出更多活力。

对于上班族的我们，谁是我们的顾客？我们采用什么方法吸引顾客并使他们快乐？我们相互之间又如何得到快乐？

如果我们从事的是单调乏味或是较为艰苦的工作，千万不要让自己变得灰心丧气，更不可与其他同事在一起怨声叹气，而要保持乐观的心境，让自己变得幽默起来。如果是在条件好的单位里，那更应该如此。因为乐观和幽默可以消除彼此之间的敌意，更能营造一种亲近的人际氛围，并且有助于你自己和他人变得轻松，消除了工作中的劳累。那么，在大家的眼里你的形象就会变得可爱，容易让人亲近。当然，我们要注意把握分寸，分清场合，否则就会招人嫌。

给别人以赞美是让人快乐的最好办法，因为使自己变成重要人物，是每个人的欲望。有人问，这么做我们为了得到什么？会得到什么？我的答案是什么也不为，却什么都会得到！如果我们只图从别人那里获得什么，那我们就无法给人一些真诚的赞美，那也就无法真诚地给别人一些快乐了。如果一定要说我想得到什么的话，告诉你，我想得到的只是一件无价的东西。这就是我为他做了一件事情，而他又无法回报我；过后很久，在我心中还会有一种满足的感觉。你不必等到当了驻法大使或某某委员会主席才应用这种赞赏别人的哲学。你每一天都可以把它派上用场，并获得应有的效果。如何做？何时做？何处做？回答是：随时随地都可做。《圣经》上说："要怎么收获，就要怎么栽。"中国古谚也说："种瓜得瓜，种豆得豆。"歌剧《奇幻世界》中，有一首歌开头是这样的："种萝卜，得萝卜，不会长出包心菜。"善有善报，恶有恶报，这是举世皆然的定理，即为因果法则。让别人快乐，你就种下了善的种子，终究会发芽开花，让你得到满足与喜悦的丰收。

四、全力投入

把你的注意力集中在快乐工作上，就会产生一连串积极的情感交流。所有的鱼贩都全身心投入工作。他们用生活中真实的例子教会我们可以让同事之间互相帮助、让顾客参与其中的方法。"投入"在生活中能帮助我们回复已经丢失但还不曾意识到的东西，如与子女的关系，找回那份久违的亲情。只要你愿意花上一点时间专门、认真地听孩子们讲述他或她生活中的烦恼；答应他们的事情就尽早做到。如果"投入"到工作中，你就会对同事和客户表现出关怀；在讨论问题时全身心地投入，不管与同事讨论还是与客户讨论，不允许自己分神；在与同事或客户通电话时不再看书或回电子邮件。

研究人类潜能的科学家估计，人类有90%的能力从未动用。有的专家甚至说，人类潜藏未用的才能高达95%。魏特利说：埋藏才能就是浪费才能。不论天赋高低，善用才能必为神所喜。

克服工作倦怠，做饱满有活力的上班族

克服工作倦怠

你的心情好坏是对你的个人幸福、成就感最具重要意义的因素；但在职业生涯中，却是最常被忽略掉的因素。你的开朗、乐观、从容及内心平静与满足的程度，也是衡量你是否真正成功的起码标准。想一想，一天24小时你有几个小时是轻松愉快地度过的，又有几个钟头里，你备感压力、忧虑重重，或是焦躁不安、怒气冲冲。请你自问，你的职业对你的心态和情绪总体上产生了怎样的影响。是你对成功产生了怎样的感受。因此，对你来说，拥有并保持一种良好和积极的情绪，也是职业生活中最重要的任务之一。积极的情绪不仅是成功的标志之一，还是成功的前提条件。你所需要的，是一种能让你愉快自信、备感鼓舞地跨向目标的心境。

愉快的工作常会给人带来欢乐。不称心的工作能影响我们的个人生活。当我们回家后，几乎不可能把不愉快的事情丢到脑后。工作不称心有许多原因。如：报酬太低，老板或同事的品质恶劣，工作太艰巨，工作太枯燥，没有职业安全感，工作中很少有提升的机会，单位对自己或其他人漠不关心，公司只知道赚钱等。

专家研究表明：如果一个人得到“适当的工作安排”，换句话说，如果一个人的需求与工作相符，这个人很可能会对工作满意，会全身心投入工作中。如此一来，这个人将不会常常称病告假，不会动辄辞职不干，而工作质量也会更高。总之，这对每个人——雇员、雇主、管理人员都有好处。对个人，它意味着有一个快乐的工作。对公司，则意味着更高的利润。让我们看一看木工张师傅，他在一家有名的仿古家具厂工

作了10年，热爱自己的工作。因为他一向认为，用自己的双手制造出精美的产品，身故后会在世上留下一点纪念。“我知道有人有很多钱，但他们不一定有产品留给后世，后人也不一定记得他们。”他说，“而我做的这个木柜，100年后可能还会存在，并且成为古董。看到它背后的制作人签名，是我的大名与手迹，那意义就不同了。”张师傅对成就有很高的需求。他对工作总是精益求精，他的工作满足了自己的需求，因此，他在工作中很快乐。这就对人事部门的领导提出了这样的要求，即如何安排人们的工作。一种方法是看这个人能否胜任，是否有能力来做他想要做的工作。

这较容易找到答案。有时候人事部门靠审核申请人的推荐信，有些部门靠学历取人。

进一步研究还发现，很多人认为只要他们胜任工作，有专业技术或能力，他们就会很愉快。

事实却并非如此，大多数人只要努力就能学会想学的任何技能。我们可能精通烹饪，但并不想当一名厨师；我们可能长于打字，但不想当一名秘书；我们可能熟练驾驶，但不想当一名出租汽车司机。有时候学生为了一纸文凭而学习某一学科，他们认为这是为将来找到好职业创造条件。结果他们的确找到了收入可观、前程远大或者稳定可靠的工作。可是这却不能满足他们其他方面的需求。因此，专家们的结论是：能满足一个人动机需求的工作可能就是带来快乐的工作。

其实快乐由心造，为自己创造好风水，就像有个歌手说：“一首歌如果有内涵，就可以不受歌者喜恶的影响，照样能感动人。歌手的声音美妙当然最好，如果不好，只要用心唱，也一样能感动人。”

“给你自己一个吻”，在工作低潮时鼓励自己

“给你自己一个吻”是美国心理学家约·卡瑟拉对人们的一个忠告。在很多情况下，它对唤醒人们的勇气，振奋人们的精神，鼓舞人们的信念起着了不起的作用。美国企业家艾柯卡，曾是福特汽车公司的总裁，但后来突然被人从这个位置上踢了下来，妻子因受不了这突如其来的打击而患病去世。艾柯卡没有消沉，没有向命运低头，而是重整旗鼓，挽救并发展了与福特汽车公司激烈竞争的克莱斯勒汽车公司……古今中外，类似的情形很多。他们的经历，充分证明了“给你自己一个吻”是一个富有哲理、充满激情、能帮助人们渡过难关，从失败和不幸中奋起的口号。

现代科学越来越揭示出，一个人的情绪变化，特别是忧郁、悲伤、失望、惊恐等等强烈的情感波动对人体机制的影响很大，而且往往是诱发癌症的先兆。因为长期不良的心理刺激，容易导致神经中枢失调，机制紊乱，激素合成受阻，进而引起免疫缺陷而发生癌变。国外曾有人对1000多名白血病及淋巴病人进行过回顾研究，发现他们在发病前一段时间，大多数人都有过愁肠百结的个人经历或悲痛不已的家庭遭遇。现代科学同时也证明了愉快、轻松的情绪对人体健康的积极作用。

生活是不会一帆风顺的。当你遇到挫折或处于苦闷、悲观失望时，请别忘记时时“给你自己一个吻”。在你不断“亲吻”自己的过程中，你不难发现，你的自尊自爱感正大大增强，你会为自己的努力感到欣慰，你会用奋斗、成功的期望，扫除往昔的一切忧郁、惊恐、悲观和失望，你会发现，自己最慈祥、最可靠的保护人就是你自己。

我常常想，当我们碰到低潮时，会不会有人来拍拍我们肩膀，给我们打气呢？说实话，当你碰到低潮时，看你好戏的人多，真正能为你

打气的人少！看不得别人好是人的天性，因此你也不必对人性的这种现象慨叹。或许你的老师、长辈会为你打气，但他们也没法子天天拍你肩膀。所以，我主张，当你碰到低潮时，要自己鼓励自己！我并不否定别人的鼓励的作用。事实上，别人的鼓励会让你有“毕竟我不孤单”的感觉，于是生出一股奋起的力量。但是，我要告诉你：

——千万别乞求、冀望别人的鼓励，因为那只会让你像个可怜虫！而这种鼓励也带有怜悯的意味。

——千万别依靠别人的鼓励来产生勇气和力量，因为你未来的路还会有许多坎坷，可不一定每一次你低潮的时候，就会有人来鼓励你哩！所以，要自己鼓励自己，让勇气和力量自己在心中产生，好比开了泉孔，泉水自己源源涌出那般！任何状况，你都可“自己取用”！不过，人在低潮时，有时连“活”都不想了，怎么来“鼓励自己”呢？

因此，遇到低潮时，你第一个要有“活下去”的决心，因为这是自己鼓励自己的先决条件。之后，你要告诉你自己：我要走过这个低潮，我要做给别人看，向所有人证明我的强韧！换句话说，你要为自己争一口气，不要被别人看轻有了这样坚定的信念，接下来就是“做”了。这当中会有挫折、沮丧和“不知何日出头”的漫漫长夜等待，而你也很有可能再度被打倒！怎么办呢？

有人在墙上贴满励志标语，每天在固定的时间默念；有人找个僻静的地方，痛快地流泪；有人拼命看成功人物的传记，有人借运动来强化意志，忘却沮丧……

方法很多，不一定每个人都适用，但不管你的方法如何，你一定要做到“自己鼓励自己”——人遭逢低潮就有如孤身闯入原始雨林，在这种时候，你不靠自己又要靠谁呢？能自己鼓励自己的人就算不是一个成功者，但绝对不会是一个失败者。你，还是趁早练得这种“功夫”吧！

消除压力，乐观一些——培养积极的心态

你必须培养积极心态，以使你的生命按照你的意思提供报酬，没有了积极心态就无法成就什么大事。记住，你的心态是你——而且只有你——唯一能完全掌握的东西，练习控制你的心态，并且利用积极心态来引导它。

1. 保持乐观的心态

一个聪明人并不会为他所缺少的感到悲哀，而是为他所拥有的感到欣喜（艾匹克蒂塔）。

让我们告诉你使自己乐观的方法！

没有事情是困难的！但要看你用什么态度去面对。请保持乐观的心态吧！

多和乐观、思想正面的人相处。有多少次，因为上司、同事、朋友抛出的大量批评，使你饱受打击？只要认清从中作梗的常是离你最近而你必须接触的人，你就已经跨出改变的第一步了。说不定，你还可以改变对他们的态度呢！从郁闷、压抑、倦怠中脱困而出，方法很简单的，是少听别人的批评，多跟支持你、乐见你成功的人在一起。多半的困难都只是想象，是纸老虎，并不是不可逾越的事实。

多做一些自我肯定、正面自我对话的练习；

中断负面思考，改以逆向、激励自我的方法去思考；

放松身心，调节呼吸，松弛肌肉，好好地放松；

均衡饮食和适量的运动。

2. 培养积极的心态

切断和你过去失败经验的所有关系，消除你脑海中和积极心态背道而驰的所有不良因素。但也要尽量避免刺激。下面case中刘先生（ 42岁出租车司机）的经验值得借鉴。刘先生：

“我周围有的人开了没几年车子就不干了，最短的才一个月就离开了。我们这一行，枯燥是人人看得见的，一天在路上转十几小时，工作一天歇一天，但我毕竟干到了现在。做一行怨一行是正常的，不过我发现那些做了很短时间就恨起开车的人，他们有的是自己不够小心，有了违章记录又想不开；有的撞坏了车或者受投诉造成自己的损失，就一直闷闷不乐。你想，一大早出门就吃到一张罚单总是不开心的啊！所以在刚开始的时候，认认真真干活，少出差错，少受不愉快的刺激。这样在枯燥的开车过程里不至于烦恼到不想上班的地步。时间长了，心态也容易调整了。每月领一份养家的薪水还有什么可想不通的呢？”

找出你一生中最希望得到的东西，并立即着手去得到它。借着帮助他人得到同样好处的方法，去追寻你的目标。如此一来，你便可将多付出一点点的原则，应用到实际行动之中。

确定你需要的资源之后，便制订得到这些资源的计划，然后所制订的计划必须不要太过度，也不要太不足，别认为自己要求的太少。记住：贪婪是使野心家失败的最主要因素。

培养每天说或做一些使他人感到舒服的话或事。你可以利用电话、明信片，或一些简单的善意动作达到此目的。例如给他人一本励志的书，就是为他带一些可使他的生命充满奇迹的东西。日行一善，可永远保持无忧无虑的心情。

使你自己了解打倒你的不是挫折，而是你面对挫折时所抱的心态。训练自己在每一次不如意中，都能发现和挫折等值的积极面。务必使自己养成精益求精的习惯，并以你的爱心和热情发挥你的这项习惯，如果能使这种习惯变成一种嗜好那是最好不过的了。如果不能的话，至少你应该记住：懒散的心态，很快就会变成消极心态。

当你找不到解决问题的答案时，不妨帮助他人解决他的问题，并从中找寻你所需要的答案。在你帮助他人解决问题的同时，你也正在洞察解决自己问题的方法。每周阅读一次爱默生的《报酬随笔》，直到你能领悟其中的道理为止。这本著作可使你确信，能从积极心态中获得好处。

彻底地“盘点”一次你的财产，你会发现你所拥有的最有价值的财产就是健全的思想，有了它你就可以决定自己的命运。和你曾经以不合理态度冒犯过的人联络，并向他致上最诚挚的歉意，这项任务愈困难，你就愈能在完成道歉时，摆脱掉内心的消极心态。

我们在这个世界上到底能占有多少空间，是和我们为他人利益所提供之服务的质与量，以及提供服务时所产生出的心态，成正比例的关系。改掉你的坏习惯，连续一个月每天禁绝一项恶习，并在一周结束时反省一下成果。如果你需要顾问或帮助时，切勿让你的自尊心使你却步。

要知道自怜是独立精神的毁灭者，请相信你自己才是唯一可以随时依靠的人。把你一生当中所发生的所有事件，都看做是激励你上进而发生的事件。因为只要你能给时间圆润你烦恼的机会的话，即使是最悲伤的经验，也会为你带来最多的财产。放弃想要控制别人的念头，在这个念头摧毁你之前先摧毁它，把你的精力转而用来控制你自己。把你的全部思想用来做你想做的事，而不要留半点思维空间给那些胡思乱想的念头。 借着在每天的祈祷中，加入感谢你已拥有的生活来调整你的思想，以使它为你带来你想要的东西或想处的环境。向每天的生活索取合理的回报，而不要光等着回报跑到你的手中，你会因为得到许多你所希望的东西而感到惊讶——虽然你可能一直都没有察觉到。以适合你生理和心理的方式生活，别浪费时间以免落在他人之后。

除非有人愿意以足够证据，证明他的建议具有一定的可靠性，否则别接受任何人的建议，你将会因拒绝而避免被误导，或被当成傻瓜。务必了解人的力量并非全然来自物质而已。甘地领导他的人民争取自由所依靠的并非财富。使自己多多活动以保持自己的健康状态，生理上的疾病很容易造成心理上的失调。你的身体应和你的思想一样保持活动，以维持积极的行动。增加自己的耐性，并以开阔的心胸包容所有事物，同时也应与不同种族和不同信仰的人多接触，学习接受他人的本性，而不要一味地要求他人照着你的意思行事。

你应当承认，“爱”是你生理和心理疾病的最佳药物，爱会改变并且调适你体内的化学元素，以使它们有助于你表现出积极心态。爱也会扩展你的包容力。接受爱的最好方法就是付出你自己的爱。以相同或更多的价值回报给你好处的人。“报酬增加律”最后还会给你带来好处，而且可能会为你带来所有你应得到的东西的能力。记住，当你付出之后必然会得到等价或更高价的东西。抱着这种念头，可使你驱除对年老的恐惧。一个最好的例子就是，年轻消逝，但换来的却是智慧。你要相信你可以为所有的问题找到适当的解决方法，但也要注意你所找到的解决方法，未必都是你想要的解决方法。

参考别人的例子，提醒自己任何不利情况，都是可以克服的。虽然爱迪生只接受过三个月的正规教育，但他却是最伟大的发明家。虽然海伦·凯勒失去了视觉和说话能力，但她却鼓舞了数万人。明确目标的力量必然胜过任何限制。对于善意的批评应采取接受的态度，而不应采取消极的反应，接受学习他人如何看待你的机会做一番反省，并找出应该改善的地方，别害怕批评，你应勇敢地面对它。和其他献身于成功原则的人组成智囊团，讨论你们的进程，并从更宽广的经验中获取好处，务必以积极面对作为基础进行讨论。

分清楚愿望（Wishing）、希望（Hoping）、欲望（Desiring）以及强烈欲望（a burning Desire）与达到目标之间的差别，其中只有强烈的欲望会给你驱动力，而且只有积极心态才能供给产生驱动力所需的原料。避免任何具有负面意义的说话形态，尤其应根除吹毛求疵、闲言闲语或中伤他人名誉的行为，这些行为会使你的思想朝向消极方面发展。

锻炼你的思想，使它能够引导你的命运朝着你希望的方向发展，把握住“报酬”信封里的每一项利益，并将它们据为己有。随时随地都应表现出真实的自己，没有人会相信骗子的。相信无穷智慧的存在，它会使你产生为掌握思想和导引思想而奋斗所需要的所有力量。

相信你所拥有的解放自己并使自己具备自决意识的能力，并借着这种信心作为行事基础把它应用到工作上，现在就开始做！信任和你共事的人，并确认如果和你共事的人不值得你信任时，就表示你选错人了。

最后连续6个月每周阅读这篇文章一次。6个月之后你将会脱胎换骨。当你学会这篇文章所要求的良好习惯并且调整好你的思想之后，你的心态便会随时处于积极状态。

3．远离压抑

心理学家认为，在文明社会里，人们必须学会对自己的感情进行适当的控制。如当事人的某种情境之下，有恐惧或愤怒的情绪反应，但他又认为在当时情境中，不应当或不宜有那种表现，于是努力抑制自己，表现得若无其事，使别人不易觉察出他内心的反应。有的人为了避免情绪的反应，就索性回避或远离某些有关的刺激物，如不阅读书报文章，以免看到和自己意见不同的文章而感到愤怒；不参与某种有比较或竞争意义的场合，以免感受失败；甚至不去检查身体，害怕万一查出病来没有勇气面对。这种对自身感情的控制有时候是有意识的，有时候也是不自觉的。无论如何，这种抑制只能使自己的情绪隐藏不显而已，身体内部的生理变化仍在进行，这些变化的影响也依旧存在。

一个处于情绪压抑状态的人，通常的表现是精神委靡不振，干什么事都打不起精神，甚至原先很感兴趣的活动现在也觉得没有意思；缺乏朝气，缺少活力，年纪轻轻却暮气沉沉，成天唉声叹气，感觉活得太累；感官变得不再敏感，思维显得不再灵活，整个人进入一种反应迟钝的状态。身体机能也出现下降趋势，胃口不好、茶饭不思、失眠多梦、胸闷气短、体虚易出汗等，与人交往缺乏热情，对他人的喜怒哀乐缺乏共鸣，心情恶劣等。

那么，如何消除压抑呢？我们需要：

（1）学会从光明的一面观察事物

任何一件事情，从不同角度去观察，都会给人以不同印象。很多表面上看上去像是引人生气或悲伤的事件，如果换一个角度和观点去看，常常会发现一些正面的积极意义。爱迪生为发明电灯而寻找合适的发光材料，试验了上千次，仍以失败告终。这时有人劝他：“你已经失败了上千次，还是放弃吧？”爱迪生则回答：“不，我只是发现了上千种不适合的材料。”正因为爱迪生能够以如此宽容的态度坦然面对挫折，始终以乐观的心情接受生活的每个挑战，而不是沉浸于悲哀中不能自拔，才能成为名垂千古的大发明家。

（2）设法为自己增加愉快的体验

比如，给自己安排切实可行的工作学习计划，使自己能不时看到成绩和进展；培养多种兴趣爱好，用来陶冶身心，调节情绪；多和志同道合的朋友交流，多集体活动，充分感受相互的关怀和友谊。这样，生活中积极愉快的体验增多了，即使遇到不开心的事，也不会激起强烈的情绪反应，或一下子陷入压抑状态而不能自拔。

（3）为自己的情绪寻找合适的出路

如在激动的时候去做体能运动和锻炼；在紧张不安的时候去找好朋友谈谈，倾吐胸中抑郁；寄情于山水风光、文学艺术、音乐书法，等等。总之，对付压抑的情绪要学会运动“宣泄法”，尽可能地使郁积在心中的不良情绪宣泄殆尽，避免压抑带来的多种身心疾病。

4. 克服沮丧，树立自信

（1）克服沮丧

生活难免会有逆境，在工作中遭遇挫折是难免的。沮丧的心情是健康的，趁着这样的情况去检视自己的处理方式是否正确？处理沮丧的方法：

找出沮丧的来由，向亲朋好友倾诉或是用其他方式来舒解。

充实自我生活，加强自信，让理想变得可以期待。

让你的人际关系更弹性化。

若情况不能受到控制，只好接受现状，但不应气馁，而应是从其中学习经验。

（2）树立自信

任何人都应该有自尊心、自信心、独立性，不然就是奴才。但自尊不是轻人，自信不是自满，独立不是孤立。（徐特立）要成为自信的人，必须准备好以下四点：

① 决定自己所需要的是什么，这反映了你的权利。

② 判断自己所需要的是否公平，这反映了他人的权利。

③ 清楚地表达自己的需要。

④ 做好冒险的准备，保持心情平静。

下面几点有助于你获得自信，对你也很有帮助：

自我准备：事先做简要的描述，以便知道自己的观点是否正确。不必长篇大论地去说明自己观点的合理性，简明扼要的解释就足以产生作用。事先草拟你的意见，勾画出你的解释、感受、需要或后果。这样做十分有用。根据你的草稿进行演练，必要的话，还可以请朋友帮助，一起演练。

肯定他人：与人交谈时，开场白非常重要，安全的表达方式是用一种肯定性的语言。例如，“这是一篇非常好的文章，但希望你能写得通俗明白些，以便我容易读懂。”

客观公正：除了解释你所见的实际情况以外，不要涉及对个人的批评。评价或批评，只能针对一个人的行为、行动和表现，而不能针对其个人，也就是平常所说的对事不对人。

简明扼要：说话时为了避免其他人的阻止、插嘴和打岔，表达时尽量简明扼要，不要理论化，只要讲述具体事实就足够了。

意识操纵性的批评：不要期望他人总会与你合作，会接受你的观点。尽管你希望得到赞同的意见，但这种情况不是必然的。有些人会使用操纵性的批评来分散你的注意力，损害你的努力。这种表现要么假装关心，要么坦率地直接批评。

5. 莫学祥林嫂，做自己情绪的主人

大多数人都有过受累于情绪的经历，似乎烦恼、压抑、失落甚至痛苦总是接二连三地袭来，于是频频抱怨生活对自己不公平，企盼某一天欢乐从此降临。其实喜怒哀乐是人之常情，想让自己生活中不出现一点烦心之事几乎是不可能的，关键是如何有效地调整控制自己的情绪，做生活的主人，做情绪的主人。

许多人都懂得要做情绪的主人这个道理，但遇到具体问题就总是知难而退：“控制情绪实在是太难了”，言下之意就是：“我是无法控制情绪的“。别小看这些自我否定的话，这是一种严重的不良暗示，它真的可以毁灭你的意志，使你丧失战胜自我的决心。还有的人习惯于抱怨生活，“没有人比我更倒霉了，生活对我太不公平。”抱怨声中他得到了片刻的安慰和解脱：“这个问题怪生活而不怪我。”结果却因小失大，让自己无形中忽略了主宰生活的职责。所以要改变一下对身处逆境的态度，用开放性的语气对自己坚定地说：“我一定能走出情绪的低谷，现在就让我来试一试！”这样你的自主性就会被启动，沿着它走下去就是一番崭新的天地，你会成为自己情绪的主人。

输入自我控制的意识是开始驾驭自己的关键一步。曾经有个初中生，不会控制自己的情绪，常常和同学争吵，老师批评他没有涵养，他还不服气，甚至和老师争执，老师没有动怒而是拿出词典逐字逐句解释给他听，并列举了身边大量的例子，他嘴上没说却早已心悦诚服。从此他有了自我控制的意识，经常提醒自己，主动调整情绪，自觉注意自己的言行。就在 这种潜移默化中他拥有了一个健康而成熟的情绪。 其实调整控制情绪并没有你想象的那么难，只要掌握一些正确的方法，就可以很好地驾驭自己。在众多调整情绪的方法中，你可以先学一下“情绪转移法”，即暂时避开不良刺激 ，把注意力、精力和兴趣投入另一项活动中去，以减轻不良情绪对自己的冲击。一个高考落榜的朋友，看到同学接到录取通知书时深感失落，但她没有让自己沉浸在这种不良情绪中，而是幽默地告别好友：“我要去避难了”，说着出门旅游去了。风景如画的大自然深深地吸引了她，辽阔的海洋荡去了她心中的积郁，情绪平稳了，心胸开阔了，她又以良好的心态走进生活，面对现实。

可以转移的活动很多，你最好还是根据自己的兴趣爱好以及外界事物对你的吸引力来选择，如各种文体活动、与亲朋好友倾谈、阅读研究、琴棋书画等。总之将情绪转移到这些事情上来，尽量避免不良情绪的强烈撞击，减少心理创伤，也有利于情绪的及时稳定。

情绪的转移关键是要主动及时，不要让自己在消极情绪中沉溺太久，立刻行动起来，你会发现自己完全可以战胜情绪，也唯有你可以担此重任。

一手抓财富，一手抓态度

大多数人喜欢在收入增加时买些奢侈品。而穷人和富人在这一点上的区别在于：富人是在最后才买奢侈品，而穷人和中等收入的人会先买奢侈品，他们可能厌烦了，期待有点新玩意，或者想看上去富有。他们看上去的确富有，但他们同时也陷入了贷款和收入拮据的陷阱中。那些总有钱的人，能长期富有的人是先建立他们的资产，然后才用资产所产生的收入购买奢侈品，穷人和中等收入的人则是用他们的血汗钱和将留给孩子们的遗产购买奢侈品。

多数人最初容易犯的错误，是在扣除所得税之前的工资总额上打主意。首先，要将扣税前的工资全部忘掉，而将意识集中于扣税后的净收入。将按月开支的必要经费写下来，再从所剩的月收入中减除，剩下的部分就可视为自由使用的收入。这一剩余部分的处理方法有两种。可以花费掉全额，也可储存一部分。一般来说，每月必须得有的花销、房租以及分期付款住宅的还贷、水电费、伙食费等，都可以从收入中加以支付。卷入麻烦的支出，大致而言，都是这些基本的必要经费之外的。

如果你发现自己越来越偏好某些“欲望”，就该立即断绝刺激的来源。把围绕在物欲方面的话题转到谈论创意和新的想法上。

现代便利的使用制度中，其中一项对多数人而言，事实上是一种诅咒，这就是信用卡，它是导致冲动性购买的主要原因。消费过剩这种毛病谁都可能随时犯，它因人而异，且次数会不断增多。小业主毫不客气地利用买方的这一购物冲动进行销售。所谓“主要的信用卡随处都可以使用”，他们劝诱我们用吧、用吧，直到我们消费过剩为止。

仅将一周内可以使用的现金带着上街，不失为一种预防过度消费的便捷方法。尝试一下在一个月时间里将所有的信用卡收起来，仅用现金支付怎么样？拿着现金去玩乐，有现金时才去购物，其实并没有什么不妥。拿现金跟当今社会中，动辄将人不知不觉地引向破产的信用制度比起来，自己破产的程度就会大大地降低，这是不争的事实。

尽量避免为打发时间而到百货公司或购物中心闲逛。并且少看广告，减少不必要的购买欲望。如此一来，你会很惊讶地发觉自己的心思已不在物质上打转，而专注于美好持久的事物上，对人、理想与工作更加投入。

真正的大支出必须作为大问题加以重视。

当然，我们对金钱、财物和成功三者的关系，必须持有一个均衡的看法。大部分的成就非凡之士都认为，金钱并非是判定他们成功的重要标准，反而，高收入及荣华富贵被视为成功的副产品，并非获至成功的原因。

有一点年轻人应该明白，财富并不是指人能赚多少钱，而是你赚的钱能够让你过得多好。有的人恐怕要问："这有什么差别呢？我的钱越多，就能够负担越多的东西，我的生活当然也越好了。"但其实并不然，通常你会发现，赚的越多就花的越多，所付出的牺牲也越多，这一点很多人都有体会。

如果你要拥有财富，第一件事得先学会如何依自己的意愿去生活，也就是如何控制你的开销。赚500块，花400块，会带给你满足；如果赚500块，却花了600块，那生活就悲惨了。当你的开销大于收入的时候，就表示你将会有麻烦了。

NO.2 规划/ project：规划决定未来

规划是一种设计，是为目标而服务的，职业生涯规划有助于鞭策自己努力工作。对许多人来说，制订和实现规划就像一场比赛，随着时间推移，你一步一步地实现规划，这时你的思维方式和工作方式又会渐渐改变。规划指引你行动的方向，助你一步一步开创未来。

突破瓶颈，制造惊喜

要寻求发展首先要打破瓶颈。很多人在自己遇到瓶颈的时候，要么根本没有意识到，要么面对瓶颈手足无措，坐等机会远去，自己则裹足不前。“超越自己”就是对自己曾经有过的习惯进行围剿，就是拒绝习惯，重新开始。无论在处理紧急事件还是在打破“瓶颈”等工作环节上，你都应该做到这两点！

1. 应对紧急关头

在紧急关头，工作忙乱，很少会产生一种令人满意的结果。有这么一句古老的格言：“欲速则不达”。这句话正好从某个方面说明了这个道理。

为了防止面临危机时手忙脚乱，你应该采取必要的措施，防患于未然。你首先要确定自己的奋斗目标，评估一下你有什么资源，能够授权的地方尽量授权，制订一个工作优先次序表，并且确实遵行，想办法预防干扰，然后开始去做排列在你的工作优先次序表上的第一个项目。

紧张一阵，闯过紧急关头之后，你要坐下来问问自己，为什么会发生危机，如何防止不再发生危机。每当你面临危机的时候，要问问自己：“我怎样才能防止这种紧急情况再度发生？”

不管是在公务，还是在私人生活中发生的危机，许多都是因为我们没有及早采取有力的行动，以至于情况变得越来越严重，到头来要花更多的时间去解决。每当遇到这样的紧急关头，你就要写一张备忘的便条，放在你的“待办事项”档案之中，使它在你该开始行动的时候提醒你。

没有及早着手只是造成危机的因素之一。除此之外还有一些其他因素，如彼此没有沟通而产生误解、缺少定期情况报告和展望未来的预告、授权以后没有及时检查落实、没有制订相应的应变计划。

分析每一次危机，看看你能不能够设计出防止再度发生的办法。此时你会发现，你可以节省足够的时间和精力来有效地应付一些情况，尽管有时失控，只要你按下紧急处理按钮，问题是不难解决的。

2. 打破“瓶颈”

在任何规模的企业或其他机构中，只要有一位重要人员没有采取重要的行动，就会出现“瓶颈”现象。造成这种现象的原因可能是犹豫不决、懒惰、优先次序不当、顽固或要求过分。这是管理时间中遇到的最大问题，因为如果你是一位管理者的话，你浪费的不仅仅是你个人的时间，而且是一群人的时间。

这一类人真是多得数不胜数，而且在各行各业都大有人在。他们对下级和同事的时间管理熟视无睹，因而大大阻碍了这些人员的努力。

“瓶颈”现象的造成，固然可能是由于某一个人要做的事情太多，但也可能是由于某个人没有足够的事情可做。后者会堆积起一大堆文件资料，使别人（常常是使他们自己）认为他们很忙。就好像一名吝啬鬼在酒店里慢慢啜饮一杯酒一样，他们也会慢慢地弄着一项计划，让别人认为他们有事情要做。对付这些人的办法，是给他们更多而不是较少的工作去做，并且定下期限。这个办法会像疏通阻塞管子的通道一样，可以发挥出惊人的效果。

如果你是因为不称职的员工或不可改变的官僚制度而搅乱了你的时间管理，你或许就无能为力了。但你要想方设法摆脱这种局面：紧追不舍、随时提醒、电话追问、写备忘便条。请记着一点：要想在这个世界上把事情做好，就必须常常自愿做一名有点儿令人厌烦的人。

如果你是一位业务繁忙的员工，要想找出“瓶颈”所在，第一个要找的地方是你的办公桌、你自己“待处理”的卷宗、你自己的“待办事项表”。并且记着：“瓶颈”常常是在瓶子的上端，所以赶快把你办公桌上的文件处理干净，以便尽快转移到另一个人的桌子上，这比堆在你桌上要更加有效。

借口——毁掉你的无形杀手

如果你有自己系鞋带的能力，你就有上天摘星的机会！让我们改变对借口的态度，把寻找借口的时间和精力用到努力工作中来。因为工作中没有借口，人生中没有借口，失败没有借口，成功也不属于那些寻找借口的人！

——美国成功学家格兰特纳

这是在西点军校人人皆知的传统，当军官向学员问话时，学员的回答只能有四种："长官，是…"，"长官，不是…"，"长官，不知道"，"长官，没有任何借口"。除此以外，便不能多说一字。

"没有任何借口"这是西点军校200年来所奉行的最为重要的行为准则，也是西点军校传授给每一位入校新生的第一个理念。它强调的是每一位学员都应该尽全力去完成每一项上级交代的任务，而不是因为没有完成任务便向长官陈述各种借口，即使是听上去非常合理的借口。正是秉承着这一理念，无数的西点毕业生在人生奋斗中取得了非凡的成就。

在职场工作中这一点也同样值得借鉴，在现实生活工作中，公司中最缺少的也正是那种想尽办法去完成任务，而不是去寻找任何借口的员工。在这些员工的身上，体现出了一种服从和诚实的态度，一种敬业和负责的精神，一种超出常人的执行能力。

在日常的工作中，我们总能够听到各种各样的借口："不是这样的，老板，我是准时出门的，路上实在堵车堵的厉害。"

"我可以完成的，要不是××来搅局。"

"这些东西我以前没有接触过，所以做起来有点不习惯。"

"再给我3天我就肯定完成了。"

“可是，老板，那时候我应该休假的啊，这不是公司的规定吗？”

“老板我也是人啊，要休息的，不是机器，机器还出错呢，何况是人？”

也许借口可以让我们能暂时逃避责难。但是我们要知道，短期内你也许能够从各种借口中得利，但随着时间的推移你会发现借口的代价如此的高昂，它给我们个人带来的危害其实一点也不比其他任何恶习少。

人们曾经把借口归结为以下四种表现形式，它们是：

1. 这段时间我比较忙，但我会尽力的

如果你有够仔细和细心的话，你会发现在每个公司的每个角落里都存在着这样的员工：他们看起来总是那么忙得不可开交，一刻没有清闲，很是尽职尽责的样子。但实际上，他们是把本应很短时间内就可以完成的工作故意拖延得很长，往往需要半天甚至更多的时间。找借口的一个最直接后果就是易让人养成拖延的坏习惯。这些人不会拒绝任何任务，但他们只是不努力，他们以各种各样的借口，拖延逃避。这样的员工很难让人找到他的什么毛病，甚至会使主管认为他是在很卖力地工作，蒙蔽住了上级的眼睛。

2. 我以前从没这么做过，什么都要重新摸索

任何一个新的任务都需要一定的创新和进取精神，而喜欢寻找借口的人往往趋于守旧，他们缺乏的正是这种创新精神和自动自发工作的热情。现在流行一句俗语叫做：民工性格。我要强调的，这并不是对我们的农民兄弟进行贬低和攻击，我在这里只是说明这种现象。就像现在在城市里打工的一些民工一样，干什么都要人在后面督促，就像挤牙膏，不挤就不动。期望这种人在工作中会有什么创造性的发挥是徒劳的。

3. 他们作决定时我不在场，他们没有征求我的意见，我怎么会有责任

“这事与我无关，我不应该承担责任。”正是这些人想说的。而这些责任却恰恰是他本人应该承担的。在一个团队中想到更多的应该是这个集体而不是个人。如果一个员工没有责任感，就不可能得到同事的信任和支持，也不可能获得老板的器重和赏识。人人都要付出寻找借口的代价，就是使整个团队运行效率下降，并最终摧毁这个团队。

4. 赶上对手？不可能！他们在许多方面都超出我们一大截

想判断一个员工是否具有进取心，一个有效的测试方法就是问问他是如何看待自己的竞争对手的。如果他不思进取，必然会寻找这样的借口。这会带来十分严重的后果，让人变得更加消极，在遇到困难和挫折的时候，不是积极地去想办法克服，而是去找各种各样的借口为自己的懒惰和灰心找理由。他的言下之意就是“我不行”、“我干不了”，这种心态剥夺了个人成功的机会，最终让人一事无成。所以，要想成为一个优秀的员工就应该做到从不在工作中寻找任何的借口为自己开脱，而是努力把每一项工作尽力做到超出老板的预期，最大限度地满足老板提出的要求。同时他们对客户对同事提出的各种要求，也同样从不找任何借口推托或延迟。

借口是拖延的温床。在西点军校，学员接受的第一个观念就是，没有任何借口，不要拖延，立即行动！如果第一次学员因疏忽或别的原因没有及时完成自己的任务，并以种种借口逃脱了惩罚，第二次、第三次……久而久之，至少在这件事上，学员可能就会养成寻找借口的习惯。

想想吧，如果是在战场上，在修建工程时，在对敌冲锋……这样的习惯将会造成多么可怕的后果啊！这不是把问题绝对化。其实，商场如战场，工作就如同战斗。商场的竞争程度并不比战场上轻多少，我们在商场中求得生存的欲望也丝毫不比在腥风血雨的战场上少。要在商场上立于不败之地，就必须拥有一支高效的、能战斗的团队。它就是我们任务的执行者，任何一项任务的完成都不能离开它，所以团队中成员的素质就是我们取得胜利的关键因素了。商机稍纵即逝，不容许有任何的拖延。延误商机就等于延误战机，就是让我们自己离死亡更近了一步。任何一个经营者都知道，对那些做事拖延的人，是不可能给予太高的期望的。

所谓拖延就是无论任何事情都要留到明天去处理，总是觉得能耽搁些时日是一件幸福的事。它是一种很坏的工作习惯，会消耗掉我们的工作热情，降低我们的工作效率，以至于最后我们成为了老板不信任的人，断送了我们自己的前途。每当要付出劳动，或要作出决断时，总会为自己找出一些借口来安慰自己，总想让自己轻松些、舒服些。人们常常纳闷，为什么有的人如此善于找借口，却无法将工作做好，这的确是一件非常奇怪的事。因为不论他们用多少方法来逃避责任，该做的事，还是得做。而拖延是一种相当累人的折磨，随着完成期限的迫近，工作的压力反而与日俱增，这会让人觉得更加疲倦不堪。

那借口的实质是什么呢？不难得出这个结论，任何借口都是推卸责任的一种表现。在责任和借口之间，我们是选择责任还是选择借口，体现了一个人的工作态度，同样也体现了做人的基本素质。当我们遇到问题的时候，特别是难以解决的问题，可能让你愁肠百结或是寝食难安。这时候，不同素质的人就会表现出不同的态度。具有积极态度的人当然会想方设法地去解决问题，问题得不到解决反倒会寝食难安了。但是那些没有责任感的人却会想出各种各样的借口来推卸自己的责任。出现问题不是积极、主动地加以解决，而是千方百计地寻找借口，致使工作无绩效，业务荒废。借口变成了一面挡箭牌，事情一旦办砸了，就能找出一些冠冕堂皇的借口，以换得他人的理解和原谅。找到借口的好处是能把自己的过失掩盖掉，心理上得到暂时的平衡。但长此以往，因为有各种各样的借口可找，人就会疏于努力，不再想方设法争取成功，而把大量时间和精力放在如何寻找一个合适的借口上。不要放弃努力，不要寻找任何借口为自己开脱。寻找解决问题的办法，是最有效的工作态度。即使面临各种困境，你仍然可以选择用积极的态度去面对眼前的挫折。

我们不能把找借口培养成一种习惯。习惯是可以表现出一个人的本质的，从小到老只有习惯可以伴随人的一生，习惯是在不知不觉中养成的，是某种行为、思想、态度在脑海深处逐步形成的一个漫长的过程。

因其形成不易，所以一旦某种习惯形成了，就具有很强的惯性，很难根除。它总是在潜意识里告诉你，这个事这样做，那个事那样做。在习惯的作用下，哪怕是做出了不好的事，你也会觉得是理所当然的。特别是在面对突发事件时，习惯的惯性作用就表现得更为明显。

比如说寻找借口。如果在工作中以某种借口为自己的过错和应负的责任开脱，第一次可能你会沉浸在利用借口为自己带来的暂时的舒适和安全之中而不自知。但是，这种借口所带来的“好处”会让你第二次、第三次为自己去寻找借口，因为在你的思想里，你已经接受了这种寻找借口的行为。不幸的是，你很可能因此形成一种寻找借口的习惯。这是一种十分可怕的消极的心理习惯，它会让你的工作变得拖沓而没有效率，会让你变得消极而最终一事无成。

人的一生会形成很多种习惯，有的是好的，有的是不好的。良好的习惯对一个人影响重大，而不好的习惯所带来的负面作用会更大。上面的四种习惯，是作为一名合格的管理者必备的习惯，它甚至是每一个员工都应该具有的习惯。这些习惯并不复杂，但功效却非常显著。如果你是一位管理者，或者你希望将来成为管理者，就应该从现在做起，努力培养这些习惯。

如果你现在已经有了找借口的习惯，那么请你尽快地改掉它吧，否则你注定不会成功。如果你现在还没有养成这样的坏习惯，那么借用一句古话：有则改之，无则加勉。在任何时候，任何情况下都要时刻提醒自己不要为自己的过错找借口！那样你离成功就又近了一步，你在老板心中的地位就又高了一层。

别让“自我设限”扼杀你的梦想

科学家做过一个有趣的实验：他们把跳蚤放在桌上，一拍桌子，跳蚤迅即跳起，跳起高度均在其身高的100倍以上，堪称世界上跳得最高的动物！然后在跳蚤头上罩一个玻璃罩，再让它跳，这一次跳蚤碰到了玻璃罩。反复多次后，跳蚤改变了起跳高度以适应环境，每次跳跃总保持在罩顶以下高度。接下来逐渐改变玻璃罩的高度，跳蚤都在碰壁后主动改变自己的高度。最后，玻璃罩接近桌面，这时跳蚤已无法再跳了。科学家于是把玻璃罩打开，再拍桌子，跳蚤仍然不会跳，变成“爬蚤”了。

跳蚤变成“爬蚤”，并非它已丧失了跳跃的能力，而是由于一次次受挫学乖了，习惯了，麻木了。最可悲之处就在于，实际上的玻璃罩已经不存在，它却连“再试一次”的勇气都没有。玻璃罩已经罩在了它的潜意识里，罩在了心灵上。行动的欲望和潜能被自己扼杀！科学家把这种现象叫做“自我设限”。

很多人的遭遇与此极为相似。在成长的过程中特别是幼年时代，遭受外界（包括家庭）太多的批评、打击和挫折，于是奋发向上的热情、欲望被“自我设限”压制封杀，没有得到及时的疏导与激励。既对失败惶恐不安，又对失败习以为常，丧失了信心和勇气，渐渐养成了懦弱、犹疑、狭隘、自卑、孤僻、害怕承担责任、不思进取、不敢拼搏的精神面貌。

这样的性格，在生活中最明显的表现就是随波逐流，与生俱来的成功火种过早地熄灭。

成功是每个人的梦。这个梦与生命同在，至死方休。按照弗洛伊德的理论，人生来就有“做伟人”的欲望。“做伟人”其实就是“成功”

的集中表现。弗氏之后的一些心理学家经过研究，也得出一个相似的结论：不论民族、文化、历史、家庭、性别和年龄，人天生就有爱受赞美、喜爱人尊重的强烈愿望和倾向。这是“人”的共性。因此，可以这么说，成功的渴求与生俱来——因为成功是获得赞美与尊重最有效的途径。

正如美国的约翰·杜威所认为，人类本质里最深远的驱策力是“希望有重要性”。以至于有些罪犯自述，他之所以纵火、杀人，就是为了让人们知道他，亲眼目睹别人一听到他的名字就如同五雷轰顶，那是他最感满足之处。

追求成功是人类的本能。人为成功而来，也为成功而活。绝大多数人能坚韧不拔地走完人生历程，就是因为成功的渴望始终存在。把它称做信念也好，使命也好，责任也好，任务也好，总有期盼和牵挂，总有要完成的欲求。否则心有不甘，难以瞑目。成功意味着富足、健康、幸福、快乐、力量……在人类社会里，这些东西总能获得最多的尊重和赞美。人人追求成功。普天之下，贫富贵贱，有谁会站出来说，我不想成功，我不愿成功？！

成功始于心动，成于行动。要解除“自我设限”，关键在自己。西谚说得好：“上帝只拯救能够自救的人。”成功属于愿意成功的人。成功有明确的方向和目的。你不愿成功，谁拿你也没办法；你自己不行动，上帝也帮不了你。成功并不是一个固定的蛋糕，数量有限，别人切了，你就没有了。不是那样的，成功的蛋糕是切不完的，关键是你是否去切。你能否成功，与别人的成败毫无关系。只有自己想成功，才有成功的可能。

洛克菲勒曾对儿子说：“西恩，我记得我曾对你说过你在现在这种年龄，务必做好的事情就是想好10年之后从事什么工作，你对将来必须具有想象力。”

无论你现在处于什么环境，你要在心里问自己一个重要的问题：我将来想成为什么人？无论是否有人对你说过“这是不可能的”，这对你来说并不重要；在你的生活中是否还有这样的人存在也不重要，重要的只有一点：如果有一个人不同意这个说法，那这个人就应该是你自己。

你绝不能认定你的生命已经“过去了”。因为，如果你不抓住自己的梦想，那就没有人会这样做了。扼杀你的梦想的还有另一个陷阱，这就是那种认为眼下还不能追求自己梦想的想法，也就是说现在还没到适当的时候。你要相信，根本不存在开始一件新事情的最佳时刻。每当你推迟开始做一件事情时，你离它也就又远了一步。

制订计划，以你的方式来生活

有人想为自己的假期订一个电视计划、一个戏剧计划和一个旅游计划……他想更合理地安排自己的时间。但是，如果速度比方向更重要，不是很可笑吗？一边争分夺秒，一边却在大把大把地挥霍着岁月，甚至正在埋葬自己的梦想，这种做法难道不危险吗？这是因为他对于自己想要前进的方向考虑得太少的缘故。因为他不相信自己明天可以成为一个完全不同的人，做着与昨天和今天完全不同的事情。

我们的梦想和目标足以成为一种磁石，吸引万物和所有的人，使我们能逐渐将它变成现实。的确，这并非一件容易的事，可是每一位成功人士都有类似的经验。

但是仅仅偶尔做一做梦是不够的，我们必须将自己的目标纳入自己的思想中。我们必须不断地想着自己的目标，相信它能实现。这里有一个简单的窍门：我们想象着已经达到了自己的目标，这就是说，我们不光在思想上实现了它，并从感情上去享用它。

每当我们以这种方式将注意力集中在我们的梦想上的时候，我们就在现有的起点与我们想要达到的目标之间架起了一座桥梁。每一次的想象都会加深我们的梦想成为现实的必然性，这种确信会转化为促成成果的实际行动。自信也会在此过程中得以加强，从而激励我们去寻找可行的方式和机会。

吉尔贝特·卡普兰在25岁的时候创办了自己的第一份杂志。他是一个完全醉心于工作的人，在15年的时间里，他把自己的杂志办成了发行量巨大的知名杂志。他几乎夜以继日地工作着。可是在他40岁的时候，他突然出售了自己的企业，出什么事了？

有一天，他听了马勒的第二交响曲，乐曲深深地吸引了他，唤醒了他内心深处沉睡已久的东西。更重要的原因是他认为应该重新演绎马勒的第二交响曲，他觉得缺了点什么，他听到的演奏不符合马勒的原意。

他出售了自己的企业，决定要成为一个指挥家。所有的专业人士都一致认为他的做法是一次希望渺茫的冒险。因为卡普兰在此之前从来没有做过指挥，也根本不会演奏任何乐器。一个甚至连乐谱都读不懂的经理——40岁——当指挥，这简直可笑极了。可是，这些批评意见动摇不了卡普兰的决心，他甚至将目标定得更高了：他要以一种全新的方式来演绎马勒的作品。

然后他就开始学习，他向最优秀的指挥家求教。他请了老师，不断地为自己的梦想而奋斗，只过了两年，他的梦想就成为了现实。1996年，吉尔贝特·卡普兰就演奏了美国最成功的古典作品集，在同一年里，他作为一名受人仰慕的指挥家出席了萨尔茨堡音乐节的开幕式。

诺曼·文森特·皮尔一针见血地说："大多数人不愿意相信他们本身具备着所有可以让梦想成真的素质。因此，他们试着满足于那些与他们不相配的东西。"本杰明·迪斯雷里也说过："对于那些为了实现自己的誓言甚至不惜拿生命去冒险的人来说，没有任何东西可以摧毁他们的意志。"

为什么有的人能让别人为自己工作而另一些人却甘愿为别人卖力呢？区别就在于我们追求自己梦想的程度。当两个人相遇的时候，通常那个作出了真正的决策，并竭尽全力要实现自己的目标的人总是能最终影响另一个人，而且或多或少地让他跟随自己的脚步前进。我们将梦想抓得越紧，我们就会越坚强，连上天都似乎在以一种神秘的方式帮助那些目标明确的人。

生命中没有比实现自己的梦想更让人满足的了。从另一方面说，世界上也没有比背叛并最终放弃自己的梦想更令人沮丧的事情了。

聪明的年轻人总是每隔一段时间就停下来问自己："我是在体验我

的梦想，还是在畏惧不前？”他们知道，他们作为自己生活的设计师，可以创造自己梦想中的未来。他们为自己规划与自己匹配的生活蓝图，他们懂得，过去以及现在都不等同于未来。即使手中握有的始终是同样的画笔，我们也能每时每刻描绘出一幅新的画卷。但丁说过：“熊熊烈火是从微弱的火苗中产生的。”

你要以你的方式来生活。就像弗兰克·西纳特拉在歌中唱到的那样：“更多，甚至更多的，是我以自己的方式来行事。”西纳特拉先生是这样生活的，也是这样辞世的。因此，美国总统在他的葬礼上说道：“他以自己的方式而行事。”

我们有这样的选择：要么我们实现自己的梦想，要么我们帮助他人实现他的梦想。一位母亲在临死前对她的儿子说：“答应我：成为一个伟人。”亚伯拉罕·林肯向母亲做了保证。成功者懂得：人的一生太短暂，不能碌碌无为。

遇到挫折就不想进步了吗

在职场中我们要设计自己的“能力开发计划”。漫无计划、得过且过，是无法成功的。如果动不动就觉得“这里的薪水比较高”，“这个地方比较轻松”，千万不要因为这些理由而换工作。这样才能和长处往往会被埋没，无法得到施展。

最要不得的做法是：“我不喜欢现在这家公司的工作内容，为了逃避它只好另找新工作。”如此一来，当你在新的工作场所发生新的问题时，你又会想要逃了，因此会不断地换工作，始终无法稳定，只要遇到不如意或挫折，就会落荒而逃。但是，如果你不断地换工作，而且能够不断地找到工作的话——那还好。然而，就在反反复复地换工作的同时，你的工作技能却会无法提升。不久之后，你就会远远地被工作机会抛在后头了。

同时，你的社会信用也将不断地丧失。

不论遇到多么辛苦的事情或艰难的工作，请牢记：挫折正是使自己进步的转机。

为了培养自己的实力，可以进入学习基础的学校或参加课外补习班。而实际上，任何事情都是借由实务才学习到的。因此，最佳的学校就是工作场所，而对我们有帮助的老师（包括反面教师）就在公司里。

工作中错误和挫折是无法避免的，但有些错误是值得犯的。

人非圣贤，孰能无过？但是，在公司中就有一些完美主义者，从不希望自己犯错误，但这又是不可能的，于是乎犯了错误便茫然失措或手忙脚乱。

有的人干了二十几年工作，几乎没有什么错误，看起来很完美。看看那些多年未获升迁，一直还在原位的人吧。原因很简单，他就像一台笨机器似的，在那里不停地运转，不需加油，不需控制，也不需修理，那么，就让他在那儿转吧，没有人会注意他。工作完美的人当然应留在原位，因为再找别人来接管，可能会做不出这样的成绩，所以“留”之大吉。

其实，在实际工作中，老板不仅会注意你取得的成绩，而且会注意你犯了什么错误。人都会出错，当然你也可以犯错，但要尽量避免犯不必要的失误。

“愚蠢的错”大部分是些疏忽大意的失误，比如说健忘或工作不彻底。这种错误才犯不得。“不可避免的失误”就不同了。比如你公司的财务工作，分析后你觉得美元要贬值，所以采取了相应的行动，结果美元没有贬值。如果你认真做研究，你就会很快从错误中恢复过来。全美最大的银行——花旗银行公司的董事长约翰·里德就是一个例子。

十几年前，作为花旗银行的副总裁，里德因为建立公司的信用卡分部，使公司损失1.7172亿美元，结果大出其名。里德的错误当然会引起老板的注意，但在他们眼里，里德还是敢作敢为的人。里德毫不气馁，极有能力地处理了危机，使这个分部最终做到扭亏为盈。

正因为这些，1984年里德才能成为花旗银行的董事长。当然，我们并不主张犯下损失上亿美元的错误，但是你不应该犯低级的错误，即便犯错也是犯开拓过程中不可避免的错误。这样，错误大一点，可能更能引起老板的注意。但最重要的是要有认错改错的勇气。

松下幸之助对下属说：“有时，人会犯出乎意料的错误。在工作中，突然间一声：‘哎呀，糟了。’就有人开始伤脑筋了。”可见，老板不会要求下属不犯错误，相反，他会欣赏及时承认错误和改正错误的下属。其实，能够及时发现错误并改正，已是一种优秀的能力了。所以，当你发现出错的时候，不要惊慌失措，不妨对老板说：“我发现自己错了”、“我马上改正它。”

在合适的情况下，你还可以解释原因，更重要的是今后不再犯同类的错误。老板会发觉：孺子可教也！

一位名人曾说过：成功永远比失败多一次。成功人士的奋斗历程总是充满了成功、失败的轮替。

有一次有人问一位总裁成功的秘诀是什么。他回答："加倍你失败的次数。"一个人要成功必须采取大量的行动，无论做任何事情都一样。只要你行动的次数越多，你失败的次数也就越多，然而失败的次数越多，就越可能有成功的机会。当你成功的概率不是百分之零，你就应该继续行动，继续接受失败，每失败一次，你成功的希望就多一分。

在篮球场上要想成为得分王，就要不断投篮，当然投不进的次数也一定很多；当一个推销员想要增加业绩就要不断地销售，当然销售的次数越多，失败的次数也就越多，所以你的成交率可能很低，但你的业绩可能比别人要大，这就是数字游戏。

关键是，行动的次数一定要非常多，一定要不断地接受失败，而且加倍你失败的次数。世界首富洛克菲勒说："你要成功，就要忍受一次次的失败。"你要把失败当成迈向成功所交的学费。其实失败并不可怕，害怕失败的心态才最可怕。因为只有卖棺材、卖墓碑的人才能在家里等着生意上门。失败是成功的敲门砖、垫脚石。

制订一套完整的职业规划

那些拿高薪的人，除了工作能力强，还有一个显著特点就是，他们都有完整的职业规划。这是他们成功的先决条件。如果一个人一直都把眼光集中在“能不能找到工作”这个问题上，那么他也就不可能有长远的规划。

其实，追求成功，战略方向正确要比战术胜利更重要。因为只要方向正确，一定会有到达成功目标的一天；但如果方向不正确，虽然赢得一两场战役的胜利，却可能会离成功的目标越来越远，越走越辛苦。

善于规划和不善于规划对职业生涯的影响很不同。譬如一些学理工科的人不知道该先做市场还是先做技术。

要知道，公司永远都是受市场驱动，而不是受产品驱动的，这个先决条件决定了搞管理和销售的人拿高薪的可能性比其他职位大得多。很多人都说，先搞两年技术后，再转去做管理和销售。其实据统计，在高薪管理和销售方面的人才中，开始做技术再转过来做销售的人年龄往往偏大，上升空间自然小了许多。所以如果你致力于搞管理和销售，那么直接去找这方面的工作，而不要浪费时间去搞两年技术，因为一旦升到管理层，技术背景就会被淡化许多，而且职位愈高该现象愈明显。而你的工科背景对你以后的管理和销售绝对会有很大的帮助。

而想搞技术的人，去研发部门是最好的选择，每个人都有自己的喜爱，而钱也不是衡量一个人成功的唯一标准。

小吴26岁，是一位市场部经理，大学毕业时正赶上网络蓬勃发展时期，年轻人都庆幸自己闯进了事业发展的快车道。在网络公司，他学到了新的技能和好的工作方法，但不久他却发现自己在市场营销方面更有长处，于是开始重新思考自己的职业发展规划。后来他找了另一份工作，在海底世界娱乐公司做市场推广。这是一个需要层出不穷的想象力与热情、实干充分结合的发展空间。置身于这样一个事业与兴趣的契合点，他感到干劲冲天，如鱼得水。

也许你现在只是一位翻译，再过10年，却坐在出版社老总的交椅上；也许5年前你还是饭店的高层管理者，现在却是电视台黄金档热门电视剧的编剧；也许你读过城市规划，学做房地产，在若干年后，你在国际组织中发挥着重要的作用……

因此，不要以为你的阅历与你的终极目标无关，人生的进程本来就是在有序的变化当中重组、拼搭，每个阶段也许看似无心，实际经过仔细斟酌、精心设计的举措，对未来是举足轻重的。

职业规划时间计划表

该怎样为自己设计职业规划呢？你应该用有条理的头脑为自己要达到的目标规定一个时间计划表，即为自己的人生设置里程碑。职业生涯规划一旦设定，它将时刻提醒你已经取得了哪些成绩以及你的进展如何。

第一步：分析你的需求

写下来10条未来5年内你认为自己应做的事情，要确切，但不要有限制和顾虑哪些是自己做不到的，给自己的头脑充分的空间。

或者你设想："我死的时候会满足，如果……"想象假设你马上将不在人世，什么样的成绩、地位、金钱、家庭、社会责任状况能让你满足。

第二步：SWOT（优势/劣势/机遇/挑战）分析

分析完你的需求，试着分析自己性格、所处环境的优势和劣势，以及一生中可能会有哪些机遇，职业生涯中可能有哪些威胁。这是要求你试着去理解并回答自己这个问题：我在哪儿？

第三步：长期和短期的目标

根据你认定的需求，自己的优势、劣势，可能的机遇来勾画自己长期和短期的目标。例如，如果你分析自己的需求是想授课，赚很多钱，有很好的社会地位，你可选的职业道路便会明晰起来。你可以选择成为管理讲师，这要求你的优势包括丰富的管理知识和经验，优秀的演讲技能和交流沟通技能。有了长期目标，然后就可以制定短期目标来一步步实现。

第四步：阻碍

写下阻碍你达到目标的自己的缺点、所处环境中的劣势。它们可能是你的素质方面、知识方面、能力方面、创造力方面、财力方面或是行为习惯方面的不足。当你发现自己不足的时候，就下决心改正它，这能使你不断进步。

第五步：提升计划

现在写下你要克服这些不足所需的行动计划。要明确，要有期限。你可能会需要掌握某些新的技能，提高某些目前的技能，或学习新的知识。

第六步：寻求帮助

想一下你的父母、老师、朋友、上级主管、职业咨询顾问，谁可以帮助你。有外力的协助和监督会帮你更有效地完成这一步骤。

第七步：分析自己的角色

如果你目前已在一个单位工作，对你来说进一步的提升非常重要，你要做的则是进行角色分析。反思一下这个单位对你的要求和期望是什么。作出哪种贡献可以使你在单位中脱颖而出？大部分人在长期的工作中趋于麻木，对自己的角色并不清晰。但是，就像任何产品在市场中要有其特色的定位和卖点一样，你也要做些事情，一些相关的、有意义和影响但又不落俗套的事情，让这个单位知道你的存在，认可你的价值和成绩。成功的人士会不断对照单位的投入来评估自己的产出价值，并保持自己的贡献在单位的要求之上。

做职业生涯规划的时候，下面的几条建议或许对你有所帮助：

①不要因为地位卑微而自暴自弃；

②用心拓展自己的兴趣、见闻和知识结构，提高分析、整合和逻辑思维的能力；

③尽可能多地去接触不同的行业，了解的越多，越有可能发掘潜藏的机会和各方面之间的内在联系，或许那些希望的种子就隐藏在许多未被人发现的机会里面；

④善于借助他人的力量建立良好的人际关系，为将来发展时得到别

人的帮助打下良好基础；

⑤做一个有心人，经常思考自己的前途，策划每个阶段的发展模式，更不要因为白白虚度了几年光阴而放弃追求。当一个人开始有所计划的时候，永远都不晚！

三种意识打造最专业的职场精英

要成为职业人，你首先需要具备三个意识：客户意识、营销意识、经营意识。在公司的工作中，你要检验一下自己是否具有这几种意识，如果没有，一定要在职业生活中有意识地去训练它们。

客户意识

职业化的核心就是客户意识。有专家指出：随着知识经济和信息时代的到来，目前正在发生一场悄悄的革命，就是：你与你的同事及竞争者如何看待你们的客户和客户如何看待你们自己。客户不再是商品的购买机器，客户已成为市场的主角。客户迁就产品的时代已经过去，客户需要的是柔性化、个性化的产品或服务。否则，企业失去的不是产品，而是市场。

帮助客户去解决问题、克服困难，是职业人义不容辞的责任。但是很多职业人缺乏客户意识。以研发为主的公司的职员不由自主容易有点欺客的错误意识。

比如，WPS2000的幻灯片功能需要先在工具栏上找到放映工具再点击播放。研发出身的总经理吴军让研发部的职员对自身的产品与有自动播放器功能的好杰作比较，再从客户的角度来感受自身产品的劣势。两个产品，一个可以自动播放，一个是多一步操作，如果你是客户，你自然会选择给你带来方便的产品。

所以作为职业人，你必须时刻注意：客户是工作的核心，要时刻为客户着想，想着怎样能给客户带来方便。

既然是为人着想，客户意识一定要体现出人性化。

你提供的服务是否让你的客户满意，关键不是量的多少，而是客户能够从中感受到你对他的关心。客户满意是一种超值的感受，也就是要让客户感到意外，要让他感动，这就是人性化服务的体现。

客户意识的一个重点是确定你的客户所需要的服务范围，因为只有当你明确认识到你的客户的需求范围，你才能有针对性地提供服务。

重要的也许不是什么先进技术，而恰好是深刻理解用户的需求所在，了解问题和困难的“命门”之处，一招制胜。

近年来，一些厂商也在谈“体验经济”，其中心就是为用户着想的客户意识，只有用户能体会到的好处，才是最好的产品与技术。

只有与客户能够进行紧密联系与沟通，才能更好地了解客户：一是理解。即沟通的目的是要被理解，而且要被人理解，必须选择适当的对象。否则是对牛弹琴，达不到沟通的目的；二是期望。期望得到你想得到的东西。因而，沟通讲话要有选择，不是批评、指责他人；三是创造需求。沟通总是要求对方成为某种人、做某些事、相信某些话。换句话讲，要求对方支持并同意我们的意见和想法；四是协调。沟通是一种协调艺术、说服艺术，而不单是信息交流，否则直接发E-mail就可以了。

实践证明，一个人有修养和没修养的区别是很大的。作为职业人，必须把客户意识修养放在提升自身素质的重要地位。

营销意识

营销意识是要让客户明白给他带来什么益处。营销意识并非只是营销部门才需要具备的，现在提倡的是全员营销的理念，就是要求公司的每个人都要具备营销意识。作为职业人，营销意识是必不可少的。

营销是怎样操作的呢？

营销第一步是市场调研。主要包括：调查客户需求；组织管理者的现状；市场环境。

营销第二步是选择营销策略。只有做好第一步的调研工作，在选择营销策略时才能够作出正确的决策。

作为职业人，营销意识是必须具备的一个素质。因为要实现最大的客户满意度，就要了解他到底需要什么服务，了解有哪些因素会影响为客户服务的目标，只有充分考虑以上信息，才能够为客户提供最优方案。

经营意识

职场中有这样一句话：如果你不懂经营，你就得永远由别人来经营你。一个职业人，想要独立，拥有更大的职场资本，就必须具备经营意识。

要培养经营意识，首先必须关注投资回报率。投资回报率的核心在于收益与成本的比较。要清楚经营状况，就要知道你的投入是多少，回收是多少，回收的时间多长，回收与投入之间的比率是多少。

资金是企业生存与发展的关键，企业的运营是围绕着资金展开的。企业要通过合理地运用资金来调配各种资源，通过组织各种各样的活动来达到目的。企业的资金来源主要有两种，一是自有资金，包括股东投入、从社会上筹集到的资金；一是借贷的资金，主要是银行贷款。

作为职业人一定要弄明白，钱花在什么地方，这些钱能够带来多少增值。这就是职业人必备的经营意识。

另外要了解成本与利润。现代企业在财务组成上有一个划分，即利润中心和成本中心。相对这种划分，出现了一种新的绩效考核方式，叫做“平衡积分卡”，它要求每一个岗位都必须接受财务指标的考核（财务指标就是利润和成本）。职业人需要关注你属于哪个分区，所在分区要求具备的经营意识。

成本中心包括研发、营销、管理成本等。管理成本又包括财务、人力资源管理等成本。

那么，处于这些岗位的人需要重点考虑什么呢？

要考虑每年做的预算是否合乎实际：要花多少钱？钱花在哪里？会

带来什么结果？你想，如果向老板作汇报时，只讲方案如何有价值，而没有回答准备用多少钱才能获得如此回报，老板会批准这个方案吗？

老板直接关注的是利润。你可以讲方案对公司的品牌打造是如何有利，但必须重点讲方案能够带来多少利润。如果不能提供这个数据，老板会认为你不够职业。

NO.3 细节/ details：那些影响前程的小事

职业生涯规划有助于鞭策自己努力工作。对许多人来说，制订和实现规划就像一场比赛，随着时间推移，你一步一步地实现规划，这时你的思维方式和工作方式又会渐渐改变。有一点很重要，你的规划必须是具体的，可以实现的。

职场人士经常陷入的误区

1. 总觉得自己不够好

这种人虽然聪明、有经验，但是一旦被提拔，反而毫无自信，觉得自己不能胜任。此外，他没有往上爬的决心，总觉得自己的职位已经很高。这种自我破坏与自我限制的行为，有时候是无意识的。但是，身为企业中的高级主管，这种无意识的行为却会让企业付出很大的代价。

2. 非黑即白看世界

这种人眼中的世界非黑即白。他们相信，一切事物都应该像有标准答案的考试一样，客观地评定优劣。他们总是觉得自己在捍卫信念、坚持原则。其实，这些原则别人可能完全不以为意。结果，这种人总是孤军奋战，常打败仗。

3. 无止境地追求卓越

这种人要求自己是英雄，也严格要求别人达到他的水准。在工作上，他们要求自己与部属更多、更快、更好。结果部属被拖得精疲力竭，离职率节节升高，造成企业的负担。这种人适合独立工作，如果当主管，必须雇用一位专门人员，当他对部属要求太多时，大胆不讳地提醒他。

4. 无条件地回避冲突

这种人会不惜一切代价，避免冲突。一位本来应当为部属据理力争的主管，为了回避冲突，可能被部属或其他部门看扁。为了维持和平，他们压抑感情，使他们严重缺乏面对冲突、解决冲突的能力。

5. 强行压制反对者

他们言行强硬，毫不留情，因为横冲直撞，不懂得绕道的技巧，结果可能伤害到自己的事业生涯。

6．天生喜欢引人侧目

这种人为了某种理想，奋斗不懈，在稳定的社会或企业中，他们总是很快表明立场，觉得妥协就是屈辱，如果没有人注意他们，他们会变刺口厉，直到有人注意为止。

7．过度自信

这种人过度自信。他们不切实际，在找工作时，不是龙头企业则免谈；进入大企业工作，他们大多自告奋勇，要求负责超过自己能力的工作。结果任务未完成，仍不会停止好高骛远，反而想用更高的功绩来弥补之前的承诺，结果成了常败将军。这种人大多是心理上缺乏肯定，必须找出心理根源，才能停止好高骛远的行为。

8．被困难绳捆索绑

他们是典型的悲观论者，喜欢杞人忧天。采取行动之前，他会想象一切负面的结果。这种人担任主管，会遇事拖延，按兵不动。因为太在意羞愧感，甚至担心部属会出状况，让他难堪。这种人必须训练自己，在考虑任何事情时，必须控制心中的恐惧，让自己变得更有行动力。

9．疏于换位思考

这种人完全不了解人性，很难了解恐惧、爱、愤怒、贪婪及怜悯等情绪。他们在通电话时，通常连招呼都不打，直接切入正题，缺乏将心比心的能力，他们想把情绪因素排除在决策过程之外。这种人必须为自己做一次情绪稽查，了解自己对哪些感觉较敏感；问朋友或同事，是否发现你忽略别人的感受，搜集自己行为模式的实际案例，重新演练整个情境，改变行为。

10．不懂装懂

工作中那种不懂装懂的人，喜欢说：这些工作真无聊。但他们内心的真正感觉是：我做不好任何工作。他们希望年纪轻轻就功成名就，但是他们又不喜欢学习、求助和征询意见，因为这样会被人以为他们不胜任，所以他们只好装懂。而且，他们要求完美却又严重拖延，导致工作严重瘫痪。

11. 管不住嘴巴

有的人往往不知道，什么话题可以公开交谈，什么内容只能私下说。这些人通常都是好人，没有心机，但在讲究组织层级的企业，这种管不住嘴巴的人，只会断送事业生涯。他们必须提醒自己什么可以说，什么不能说。

12. 我的路到底对不对?

这种人总是觉得自己失去了职业生涯的方向。我走的路到底对不对？他们总是这样怀疑。他们觉得自己的角色可有可无，跟不上别人，也没有归属感。

这些让你变优秀的小细节

第一，不要认为理论上可以实施就大功告成了！

这点太重要了，往往当真正实施的人开始做了才会发现计划完全等于鬼话。如果不亲自实践，做计划的人会早晚被实施者鄙视。永远需要提升自己的办实事的能力，而不是空谈。

第二，不要把“好像”，“有人会……”，“大概”，“晚些时候”，“或者”，“说不定”之类放在嘴边，尤其是和上级谈论工作的时候。

我十分痛恨听到的一句话是：“我晚些时候会把这个文件发给所有的人”，因为这往往预示着我必须时刻提醒他不要忘记。

第三，不要拖延工作。

很多人喜欢在学习和玩耍之间先选择后者，然后在最后时间一次性赶工把考试要复习的东西突击完成。但是在工作中请不要养成这样的习惯，因为工作是永远做不完的，容不得你“突击”。又或者，当你在徘徊和彷徨如何实施的时候，你的领导已经看不下去，自己去做了——这是一个危险的信号。

第四，不要认为停留在心灵的舒适区域内是可以原谅的。

每个人都有一个舒适区域，在这个区域内是很自我的，不愿意被打扰，不愿意和陌生的面孔交谈，不愿意被人指责，不愿意按照规定的时限做事，不愿意主动地去关心别人，不愿意去思考别人还有什么没有想到。这在学生时代是很容易被理解的，有时候这样的同学还跟“冷酷”、“个性”这些字眼沾边，算作是褒义。然而相反，在工作之后，你要极力改变这一现状。否则，你会很快变成鸡尾酒会上唯一没有人理睬的对象，或是很快因为压力而内分泌失调。但是，如果你能很快打破之前学生期所处的舒适区域，比别人更快地处理好业务、人际、舆论之间的关系，那就能很快地脱颖而出。

第五，不要让别人等你，在任何情况下，都不要让别人放下手头的工作来等你。在大学中可能只是同寝室的人的几句半开玩笑的抱怨，在工作上很可能导致你的潜在合作伙伴的丢失。

你在做一个工作的同时要知道别人的进度，而永远不要落后。

第六，不要认为细节不重要。

在大学里，往往做事粗枝大叶，看看差不多就行了。相反，在企业里管理的精髓就在于将简单的事情做到细节。一个慌忙寻找保险箱钥匙的动作就很有可能丧失你晋升财务主管的机会。

第七，不要表现得消极，仅仅因为你所做的事情不是你的兴趣所在。

很显然，在学生时代，当做到自己喜欢的时候，我们会pay200%的精力去创造，但如果是枯燥的事务，我们便懒得理睬，最好能有办法应付过去。但在工作上80%你所做的事情都是烦琐而看似机械的，如果仅仅为此而表现得闷闷不乐，那么你会郁闷更久。要知道你的上司已经为这个项目够烦恼了，你还想让他看到你的表情吗？

第八，绝对不要把改善工作能力仅寄托在公司培训上。

人绝对不可能经过一次培训就脱胎换骨。相反，集体培训上学到的东西往往是最用不上的信息。就像食堂烧大锅菜一样，总没有你最想吃的菜，因为这样做容易，并且不容易得罪人。

很多学生很看重所选的公司有没有培训，这说明，你不但不知道这个公司做什么，你甚至不知道怎样学习这些技能。

第九，不要推卸责任。

推卸责任是害怕的条件反射。不要认为别人看不出这点。

帮人忙同样可以创造出价值

帮人就是帮自己。帮助别人，尽量帮助同事完成工作，这种员工会受到大家的欢迎。公司里，同事之间免不了互相帮忙，你对这种事情应当采取什么态度呢？平常我们总说“助人为乐”，但是，在办公室战场上，怎样助人，才能真正成为乐趣，才能被双方所接受呢？

某部门主管与你十分要好，有一天，突然向你求救，就是他有一个计划希望与某公司合作，而你与该公司老板或有实力人士十分熟稔，请你做其中间人，向这位人士游说一番。不错，你与这人的交情很好，可是切记：公私分明。你可知道这个计划的来龙去脉？两家公司合作，究竟谁得谁失？你鼓起如簧之舌，有什么好处呢？要是答案全是未知之数，奉劝你小心行事。不妨答应好友你同意做中间人，但只限于介绍他与该公司某人认识，并不充当说客。对某人这方面，可事先将事情的概况讲一遍，让他有心理准备，并说明合作与否，不必考虑你这方面，因为根本与你无关。安排两人第一次见面，最好选些不是大家常去而又宁静的饭馆，让大家先行认识，话题最好放远些，切忌一见面就谈生意，那只会令你尴尬。第二次相见，也可帮忙联络，但最好不参与，任由两人自由发展好了。

如果一个同事请你提意见，如何是好呢？诸如“你认为我的工作态度不好吗？”、“是否我服务客户的方式不对？”这些问题不易处理，却予你一个帮助对方进步和表现才能的机会。永远不要直接回答“是”或“不是”，应有一点建设性，即是说你该提议一个可行办法而不会被误为批评。因为要是你的答案令对方不开心，他肯定不会接受你的意见，甚至认为你是麻烦的一部分。告诉对方换了是你，会怎样处理此件事和为什么，例如这同事因为未能准时预备开会的文件，遭上司责备，应该婉转开解他："你我都知道李经理是认真得很，所以我替他做事永远以最短时间去完成，并且详尽得很，使他知道，我是尽力做到符合他的要求的。"切忌指出对方或他上司的错处："李经理真是烦人，你最好永远依照他的吩咐去做。"这样，等于火上浇油，对同事、对他的上司，甚至你自己，肯定都没有好处，何苦呢？

一位与你十分投契的同事，要做一个新建议书，请你提意见，你客观地给他分析事情，满以为帮了他一个忙，可是，不久发现，建议书给上司驳回，同时还被上司训示一番。这是一个很好的教训。"不在其位，不谋其政"，随便说话，容易弄巧成拙。约那位同事吃饭，表示歉意。但言辞上不必过分内疚，告诉他你的感受："我希望帮你一把，料不到却愈帮愈忙。"、"看来，我是适宜做内部和执行的工作，不宜胡乱做计划。"、"下一次你做计划，最好多问其他人意见，集思广益，效果更佳。"最大的目的是，取得谅解和让对方知道，最后的决定还是在他本身，你只是提意见而已。

至于其他的闲言闲话，可以不理，不必解释，也不必费神，有多事者追问究竟，告诉他："这是某某和我的事，我俩之间全无芥蒂，可不必你费心！"对方一定"无趣"而退。

本来，拍档有事，你的确有义务去承担更多的任务，只是，你十分不服气，因为拍档告假，原来是忙自家的兼职。亦即是说，你在替他多做工作，他却坐收两份酬劳！这不单是不公平，更会因你工作过多，致使表现大打折扣，这样，又等于直接加害于你！于是，你再密谋向上司告发拍档的罪行。你若真的采取此行动，对方必被革职无疑，这样，似乎太绝情了，亦有可能给你带来背后骂人的坏名声，奉劝你选择另一种行动。不妨单独邀约拍档，要求大家坦白，表明自己立场："我不会理会你的私人事务，因为那与我无关，但是，影响到我的工作，我就不能不起而反抗了。"、"对不起，我无义务永远多承担你的工作，这样对我太不公平了，还会影响我的表现！从今天起，我会公事公办，不再随便迁就你！”摆明了态度，等于“先小人后君子”，是比较理智的做法。

工作认真、乐于助人的你，终日忙得团团转。因为除了本身的工作，你还是“清道夫”，对其他同事的要求援手，一概接纳。但不妨检讨一下，这样做，是否经常弄得你透不过气来，甚至要超时工作，如果达此程度，奉劝你应该重新估计自己的能力和态度了。谁都需要休息，要是你没有停下来喘息和“加油”的时间，对本身的工作肯定有坏处。其次，人是不能纵惯的。长久做“好人”，人家是不懂珍惜的，即是说你可能是辛苦了自己，却吃力不讨好。所以你应该学会去拒绝别人。当然，不是叫你一反常态，只顾自己，而是请你预先分析一下，那一件工作需要花多少时间，自己的能力和精力又可以承受多少工作。别以为自己是超人，没有人可以长期在巨大压力下工作，请解放自己。

好了，你确实有剩余时间，不妨“择人而助”。那就得研究一下哪种工作可以让你学到新技巧，或在人际关系上有好处。否则，请婉转地拒绝吧。

同事意欲另谋高就，且坦白向你要求做其介绍人。这位同事跟你颇为投契，甚至视你为“好友”，所以你总不应袖手旁观。然而，在伸出援手之余，请注意自己的身份。对工作不满意的，是你的同事，不是你，所以，你绝对不值得为此给自己的工作造成坏影响。即使插手，也得聪明点、理智点。首先，同事仍服务于公司，你若给他介绍工作，等于跟公司作对。即使老板不怪你，要是有人拿此做话柄，在背后中伤你，多少对你是不利的。如果刚巧确有份工作十分适合这同事，不妨考虑以下方法：请公司以外的第三者给同事做介绍人，这就是两全其美之策了。当然，若同事已离开公司，即已不是你的同事，以朋友身份向你求助，你就可以放开手脚去协助他了。因为没有了利害关系、同僚关系，许多问题都不会发生，你要伸出援手，对你和他都是有益无害的。

你的拍档在办公室整天忙着筹备婚礼事宜，结果是你平白要多担上他的责任。虽则你表示过："我实在没有余力替你做工作。"但对方的态度却是："你也将有同样的私事发生，到时我必尽力帮忙。"怎么办呢？不错，同事间是有义务在紧急关头兼做拍档的工作的。但结婚却不是紧急事，而且大多数上司们是不会同情只关心私事的下属的。不妨这样推掉对方的要求："你打算怎样处理那份报告书？我手头上还有三个计划书，恐怕在未来几个礼拜都无法腾出时间帮你了。"切记不要强调你将不会伸出援手，而是将责任交回他手上，令他不要误会有你做后盾。要是对方以将来代你工作为交换，可以提议对方先向上司请示，这样等于避免了直接下决定。你如与对方讨论，千万别显得愤怒，只说："你准备怎样去执行任务？那可以成功完成吗？"这样，就能将对方的注意力转移到工作上，又不会损害到双方的良好关系。

遇上有同事向你借钱，应该怎么办？请先观察情况，此人是否常有经济拮据情形？又是否不会如期还钱？还有，他在同事间的信誉是否不好？要是答案全是否定的，大概这位同事确是有燃眉之急，作为朋友，帮忙是应该的，而且你不必多方追问，只要伸出援手，并安慰道："不必忧心，我的能力可以应付，你尽管办你的事吧！"如果答案刚好相反，此人则是不知自爱，起码也是理财无方，值不值得帮忙，就要看你与他的交情了。是你同部门的同事，而且与你十分熟稔，看来推也推不掉，那么，你唯有"酌量"帮忙，而治本之法是一方面多规劝老友要小心理财，另一方面实行"装穷"，希望对方转移目标。如果对方是别的部门的同事，那就易办得多，因为接触较少，不必尴尬，不妨婉转地回绝："对不起，我每月都有自己的经济预算，恐怕帮不上忙。"

创造价值，不只体现在完成自己的工作上，还体现在帮助同事方面，利用自己的优势，利用自己的才能帮助别人完成工作，同样也是创造价值的一种方法。帮助同事，也就是在帮助自己为公司创造价值，从而稳固自己在公司的地位，成为公司的支柱型员工。

忠于职守才能出类拔萃

忠于职守尽心工作的人是没有理由的，他们也不需要寻找理由。其实，无论从事什么行业，只有全心全意、尽职尽责地工作，才能在自己的领域里出类拔萃。这也是拒绝理由，忠于职守的直接表现。

任何公司、企业都会要求员工尽最大的努力投入工作中，创造效益。其实，这不仅是一种行为准则，更是每个员工应具备的职业道德。可以说，拥有了职责和理想，你的生命就会充满色彩和光芒。或许，你现在仍然生活在困苦的环境里，但不要抱怨，只要全身心地工作，不久就会摆脱窘境，获得物质的满足。那些非常成功或在特定领域里相对成功的人士，无一例外地要经过艰苦的奋斗过程，这也是通往胜利的唯一途径。

一位管理大师作演讲时曾对学生说："比任何事都重要的是，你们要懂得如何将一件事情做好；只要你能将本职工作做得完美无缺，在与其他有能力的人的竞争中就会立于不败之地，至少永远不会失业。"

一个成功的企业管理者说："如果你能真正制好一枚别针，应该比你制造出粗陋的蒸汽机创造的财富更多。"很多人都有过同样的迷惑，为什么那些能力不如自己的人，最终取得的成就远远大于自己？如果对于这个问题你百思不得其解，那么请认真回答下面的问题，也许你能从中找到真正的答案：

①自己的前进方向是否正确？

②自己是否对职业领域的每个细节问题了如指掌？

③为了提高工作效率，创造更多财富，你是否阅读过有关的专业书籍或资料？

④你是否理解并认真做到全心全意，尽职尽责？

如果你对上述这些问题的回答是否定的，说明制约你走向成功的症结就在于此。那么，无论做什么工作，只要你遵循这几点，坚持到底，一定能够获胜！当然，选择的方向如果不正确，就应立即停止，放弃努力，免得白费力气。

那些毫无水平的建筑工人，将砖石和木料拼凑在一起建造的房屋，在尚未找到买主之前，有些已经被暴风雨摧毁了；学术不精的医科学生，懒得花更多的时间学习专业知识，结果在给病人做手术时，慌慌张张，使病人承担极大的风险；律师在平日里不认真研读法律法规，办起案来笨手笨脚，白白浪费当事人的时间和金钱……这些都是缺乏敬业精神的结果。

业精于勤，无论从事什么行业，都应谨记这个道理。精通所在行业的方方面面，你会比别人更出色。了解工作中的每一个细节内容，并努力将它做得最好，在你赢得良好声誉的同时，也为将来的大展宏图播下了希望的种子。

如果你对自己的工作不够了解，业务不够熟练，就不应该在失败之后去责怪别人，埋怨社会。目前，你唯一该做的是，精通业务，这一点并不艰难，但需要长时间地不断积累，所谓冰冻三尺非一日之寒。但是在美国，好多人随便读几本法律书，就自负地认为自己完全可以解决几桩疑难案件，或者听了几堂医学课，便急着给病人做手术，要知道，你的不负责任很可能葬送一个宝贵的生命啊！

对待工作总是不能尽职尽责的人，他心里一定缺少做成事情的恒心和毅力。他也不懂得培养自己的个性，永远无法达到自己的理想。他们总是设想工作和享乐可以同时获得，孰不知鱼和熊掌不可兼得，结果很有可能全部希望落空，才后悔当初的所作所为。

事实上，培养严谨的做事风格，获得处世智慧并不十分困难，只要你做事认真负责、一丝不苟即可。如果你能力一般，它可以让你走向更好；如果你十分优秀，它会将你带向最大的成功领域。

最后仍要强调，工作必须竭尽全力，才有可能在仕途上节节攀升。一个人只要在工作中找到乐趣，就能忘记所有辛劳，并视之为身心的愉悦，长此以往，也就找到了开启成功之门的钥匙。支柱型员工只要保持忠于职守、善始善终的工作态度，即使从事的是最低微的工作，也能放射出无限的光芒。

理性对待跳槽。跳槽已经是一个很普遍的话题，几乎每一位员工、每一家企业都要面临这个问题。

曾经无意中浏览到这样一些文字："我家居住的小区与单位之间隔着一条小河，每天上班都要经过一座桥，沿着岸边的沿江路走要好长的一段。天长日久，我有一个发现：当行走在此岸时觉得对岸的景色很美：绿树婆娑，人影朦胧，特别是烟雨蒙蒙或斜阳西下时仿佛进入了画境。待过了大桥，彼岸成了此岸，依然觉得对岸的景色很美，尤其是傍晚出来散步，对岸的高楼、彩灯映入河中，倒影更平添几多神韵。美学家说：距离产生美。离我们很近、很真实的东西，我们常常视而不见，不觉为奇，而与我们有距离的东西，会令我们好奇并产生美感。"

由此，我在想是否人们常说的"这山望着那山高"也是同样的道理。职业的比较是否也是如此。大部分人都有过这样的经历，几位大学同窗重聚，互相谈起了各奔东西以后的表现，发现大家不自觉地在比，而比的结果多半是"别人的工作很精彩，自己的事业很无奈"。有的人年轻气盛，心态容易不平衡，便生出许多牢骚、抱怨和不满。他们无法专注于工作，也得不到领导的青睐、同事的认同，挫折感油然而生，而这又加剧了心中的不平衡。他们因此愤而跳槽，但换了职业以后，发现并不如原先想的那么中意，不经意间又产生了"对岸的景色很美"的感受，宝贵年华就这样蹉跎而去。

深思熟虑的职业变换，本无可厚非，人往高处走，水往低处流，乃人之常情。但如果一个人频繁地跳槽，而每一次跳槽，职业地位、收入、工作乐趣及经验等方面并没有多大改善，那么，就应该考虑一下，是不是因为自己所站的立场不同，产生了“对岸的景色很美”的错觉？

在许多情况下由于观察者所站的角度不同，经常会产生自己对工作不满，而别人还心生羡慕的这种看似矛盾的情形。这就像那句诗所云“不识庐山真面目，只缘身在此山中”。自己的工作所牵涉的利害关系非常具体，对工作艰辛的感受是真实的，自己的期望与职业现实的差距往往无意中被夸大，使我们根本没有心思去体会、去热爱眼前的这个平台，而他人的工作距离我们却有足够的“审美空间”：我们所能看见的是他们“成功”的一面，而他人工作中所遇到的困难、挫折等对我们来说就不那么真实具体，常常被我们视为挑战、视为美。

如果到“对岸”的目的是获得更高的薪水（这是大多数情况），那么一定要擦亮眼睛，正如阿尔伯特·哈伯德所讲的那样，工作中有比薪水更重要的。为了薪水而工作，虽然目的非常明确，但是往往到了“对岸”还会有“对岸”的“对岸”。千万提防短期的利益蒙蔽了心智，使我们看不清未来发展的道路，结果使得我们即便日后奋起直追，振作努力，也无法超越。我们更应当注意的是发展自己的技能，增加自己的社会经验，提升自己的个人魅力……能力比金钱重要得多。如果一个人总是为自己到底能拿多少工资而大伤脑筋的话，他将无法看到或看清工资背后可能获得的成长机会，无法从中得到除了薪水以外更重要的东西。

如果到“对岸”的目的是获得更好的发展空间，你认为在公司里没有得到自己所期盼的东西，所以对此很是失望。你要做的是两件事，第一，自问一下，你是否曾经付出了。第二，自问一下，“对岸”的公司在什么条件下为你提供更好的发展环境。

一个古老的传说，讲述一位口渴难耐的旅行者来到沙漠中的一口井前。井壁上贴有一张便条，向路人说明附近埋了一个水瓮，可以用来引水。便上写着：收受之前先付出。于是，摆在旅行者面前有两种选择：喝掉瓮里的水，还是用少量的储存的水引出更多冰凉而纯净的水。如果你读过这则故事，那么你就应该思考，自己今天的局面是否因为没有真正付出过。如果没有，那么在这种情况下，“对岸”的公司能否给你所需要的东西。

在你走到“对岸”以前，你是否曾经回头，尝试着欣赏这边的景色，也许你的感觉会大有转变。如果“此岸”在某个或某些方面确实并不令你满意，但你是否尝试改变这种情况？如果你曾经走到老板面前，自信地、心平气和地对他说：“我认为你在某某方面做得不对或做得不好。”指出他的方法是不合理甚至是荒谬的，然后告诉他你的建议或想法。如果沟通的结果仍然不令你满意或与你的预期大相径庭，那么，你将对自己的决定无怨无悔。

没有人敢说他新加入的企业就一定比原来的强，这只是见仁见智的问题。任何一个企业、组织都不会有理想中的那样完美，都会存在这样那样的问题。如果以挑剔的眼光审视它，必然会找到许多不尽如人意的地方。而且，管理中的许多“缺陷”都在大部分公司、企业或多或少地存在。只不过始终不满足现状，不断追求，这是人的天性。正如“不想做将军的士兵不是好士兵”一样，人要始终满怀希望地生活着，才有幸福的感觉。不过，在享受幸福之前，还要理智地思考：“对岸的景色真的更美吗？”

支柱型员工要理性对待跳槽。你之所以成为支柱型员工，是因为你得到了公司的认同，而这是你之前做出了很多努力才得到的。珍惜你在现在这个公司的地位和成就，否则，你可能要从头开始，再经历长时间的积累和沉淀。

像老板一样思考

每一个明智的老板无时无刻不在搜寻有能力的员工，而对于那些只知道抱怨却没有真才实学的人，老板只会解雇他们。任何一个老板重用的都是有才能而且能够为自己分忧解难、能够像他一样思考的员工。

理解万岁！

如果你以为所有的老板都能理解和支持你，那是天真的想法。在你事业的某些时期，有可能碰到一些老板，不仅工作上难以相处，在一起也不愉快。你的老板可能专业上很精通却不通人情，这样就很难相处。不幸的是你无法解雇一位不能胜任工作或不可理喻的老板。

与你的老板难以相处也有多种原因。可能他已60岁了，并因觉得所做的工作是一个无法摆脱的陷阱而感到痛苦。他的工资也许很高，他无法退休或离职再去找另外的工作。少数领导可能是过于负责而不得解脱，作为一个支柱型员工，你可能难以理解这些。

一些员工确实能适应自己的工作。他们敢作敢为，严格地管理下属，有时甚至显得有点好斗。他们有决心不惜代价地去完成任务。他们自己花的代价有时甚至会缩短他们的寿命，因此和他们共事的人也无法忍受。幸运的是，现在愈来愈多的公司已认识到，具有好的人际关系才能办成好的企业。开明的公司将他们的管理人员送去参加灵敏训练或参加一些研讨会使他们避免和员工的关系过于紧张，尽量去处理好人际关系。但不幸的是每当他们经济情况有所下降，首先裁减的就是他们花在改善人际关系上的开支。这似乎是说："在市场的困难时期，好的人际关系对这个企业就不重要了。"

事实说明，一个人的个性是不会有大的改变的。如果一位老板非常顽固和难以相处，要使他转化为和你志同道合的人，实在是不容易的。但还是可以设法改善一些，使他的刀刃略为钝些。

关键的问题是：当你知道你的老板是一个不可理喻的人时，你将怎么办？如果你觉得情况是难以容忍且无法改进的，那你只能另找工作。所谓“另找”可能就是在同一公司的其他部门中，也可能是在其他公司。但首先你得问自己，你的反应是否过火了？问自己以下几个问题：

①你是否已公正地检测过你的工作？你已做了多久？是否有足够的时间作出判断？

②你的反应是否是感情用事？

③你的上司对你的前任是否同样恶劣？

④有无迹象表明这种不融洽关系仅是暂时的？

⑤你本人有否做过什么事引起了这种不愉快的关系？

⑥劳务市场上能否很容易地找到另一个同等工作？

先讲第六个问题。在你没有找到另一份工作前，不要辞掉现在的工作；除非你的健康受到威胁或被要求去做不合法或不道德的事。一旦当你决定辞职另找工作时，你的情绪就会好一些，因为你知道（也只有你一个人知道）所有存在的问题都只是暂时的了。

再谈谈其他五个问题。

①你是否已公正地检测过你的工作？也许你做这个工作的时间不长，没有足够的时间认识并作出判断。由于你对新工作期望很高，你自己过于紧张，因此在日常工作中强调了反面情况。对新工作紧张常常是自己造成的。你不妨问问自己，如果你工作了一段时间，有了经验后，情况是否会好些。

②你的反应是否是感情用事？你的反应正确吗？是否由于对新工作过于紧张？这些反应是否只是你一个人有？如果别人处于这种情况有这样的反应，你认为正常吗？

③你的上司对你的前任是否同样恶劣？这个问题不难回答。其他部

门的经理可能知道你的前任受到怎样的对待。如果你是从公司内部提升的，你自己也应该知道；公司里的小道新闻对难相处的上司早有传闻。如果你的前任能有一些材料告诉你，你立即就能知道。但如果你的上司也是新上任的，那你就无法得到这些消息了。

④有无迹象表明这种不融洽关系仅是暂时的？这一点也能在你的前任是如何被对待的中得到回答。有时最初两三个星期中，上司和新经理都很激动，但过了一段时期关系会正常起来。不幸的是，有些上司一开始故意刁难新经理，好像要把他们先“修理”一番。我认为这是不正常的做法，这种办法在军队中也许需要，因为士兵必须经过训练以适应有生命危险时的紧张状态，他们必须绝对服从，但在一般单位中却不是一个好办法。如果你有四五个前任工作了短时期后都要求调走，那你就有理由要求知道为什么向你隐瞒这些情况。

⑤你本人是否做过什么事引起了这种不愉快关系？如果你的好几个前任都只工作了几个月就离职，那责任就不是你的。但如果你的上司和前任都相处得很融洽，那现在的问题是什么呢？你的能力是否胜任？如果你还缺少一些知识，你可以要求在一定时期内熟悉它，然后再做好工作。

如果你最后觉得自己并没有责任，就要决定下一步了。许多公司规定可以向人才市场询问自己不能解决的问题。但我认为一个支柱型员工不要太快就走这一步。不过要是你已尽了最大努力，仍不能改善关系，而且实在需要帮助，去人才市场咨询一下就很有必要和恰当了。

NO.4 上司/ boss：与“狠角色”的相处之道

工作中，每个人都要同上司打交道。虽然从本质上讲，上司与部属是同志之间的关系，然而在工作上，却有着上下级之分。可以说，学会如何确与领导相处，直接关系到工作的顺利开展与个人的成长进步。

在上司面前丢掉你的棱角

每个员工都希望自己的能力得到上司的赏识，但是要注意一点，就是不要在上司面前故意显示自己，那样显得很做作。那样会给上司留下自大狂的印象，好像恃才傲物，盛气凌人，而使上司感到你难以相处，彼此间缺乏默契。因此与上司交往，要注意以下几点：

与上司说话，要注意寻找自然、活泼的话题，让他有机会充分地表达意见，你适当地作些补充，提一些问题。这样，他便知道你是有知识、有见解的，自然而然地认识了你的能力和价值，但又不显得你盛气凌人。

和上司交谈时，不要用上司不懂的技术性较强的术语。这样，他会怀疑你是故意让他难堪；也可能觉得你的才干对他的职务将构成威胁，并产生戒备，而且有意压制你；还可能把你看成书呆子，缺乏实际经验而不信任你。这些情况都是对你不利的。

向上司提建议时，要注意从正面有理有据地阐述你的见解。不要显示出批评和瞧不起上司的意思。有民主要求，还要有民主素质，即要懂得尊重他人意见，尊重上司意见。这样，他才会承认你的才干。

对上司个人的工作提建议时，一定要谨慎一些，要事先仔细研究上司的特点，了解他喜欢用什么方式接受下属的意见，对不同的上司要采取不同的策略。比如大大咧咧的上司可用玩笑建议法，严肃的上司可用书面建议法，自尊心强的上司可用个别建议法，虚荣心强的上司可用寓建议于褒奖之中法，等等。

你要懂得心理学上的角色换位法，设身处地体会上司的心境。有些人单独工作干得很好，当了上司却一筹莫展，尤其苦于处理各种横竖关系。因此要主动地帮助他分忧解难。在他犹豫不决、举棋不定时，主动表示理解和同情，并诚恳地作出自己的努力，减轻上司的负担，会令他非常高兴和赏识你，当然对你的升迁大有好处。

年轻人还要经得起上司的批评。这往往是初入社会的年轻人所难以做到的。

我们应该知道，每个人都有自身的缺点，因为金无足赤，人无完人。那么在工作中，我们也难以完全避免出错，不管你是多么优秀、杰出。在公司里上班，恐怕就避免不了挨上司和老板的批评。这当然很不愉快，但在工作中几乎难以避免。对于刚进入社会的年轻人来说，这是最让人难以接受的。很多年轻人大学毕业，甚至是重点大学毕业，心中把自己当成“天之骄子”，自尊心过强，很不习惯被别人批评。但是在社会上就是要接受许多令我们不愉快的事。这是我们进入社会必须学习的一课。

刚上班的时候大家还比较生疏，上司或许还会对你客气点。时间长了，比较熟悉了，有时工作出现失误，就可能会遭到上司的批评。有的上司脾气不好，还会咆哮、唠叨、说教，等等。

有些人受到痛斥，也许会产生“这下完了，上司很明显讨厌我”或“那么严厉真让人受不了，干脆辞职不干了”的想法。其实这种情况首先不要意气用事，不能凭一时冲动做事，因为以后可能会后悔。

这种情况最需要的是冷静。你应好好反省，上司为何训斥你，明白自己错在哪里，力争以后不再重犯。至于对挨骂这件事情本身，大可不必看得那么严重。管理部下是上司的职责，从上司角度来讲，有时下属工作做得不好，的确让他们很着急，有时控制不住自己的情绪。作为下属，你也许有必要把挨骂当成工作的一部分。而且，骂与被骂实质上也是你与上司之间的一种沟通。他批评你，也意味着他把你当做真正的工作伙伴。此外上司对你的批评中多半透露着上司的本意和大量的实务知识，应心平气和地聆听，别漏掉这些有用的信息。

为人打工的人，不可能连一次骂也没挨过。首先，最重要的是保持顺从的态度。虽然不必做到像应声虫一样的地步，但是起码，脸上应该露出反省的表情，并以坦率诚恳的语气向上司道歉。挨骂之后，不可垂头丧气，也不可嘻嘻哈哈，让人产生随骂即忘的印象。当然，最重要的是应尽快改正错误，无礼的反抗态度只会使自己受到损害。

获得上司的赏识其实并不难

1. 领会上级意图

准确地领会上级意图，是获得上级好感、与上级发展关系的重要途径。领会上级意图关键在于认真听取上级的谈话。在听上级谈话时，有些人往往非常紧张，不仅理解不了上级的真实意图，而且有时连上级说的是什么都没有完全听清楚。正确的应该是不仅听清上级所谈的一切，而且要听出其中的隐意。这样，你才能概括他谈话的所有要意，并做出聪慧的应付。

要做到这一点，你应该忘却所有的紧张，静下心来把注意力集中到上级的谈话上来。当你的上级讲完后，你可以稍作静思，以示你对他的讲话的记忆和思索。然后，向他提一两个用以澄清他谈话要点的问题，意在强调你注意并把握了他的谈话要点。或者用核对理解的措辞，把他的谈话概括地说一下。记住：上级领导人是不喜欢要他把话说两遍的人的。

所以人云亦云固然令人讨厌，但当你在听候老板吩咐时，最好不停地重复他的命令，既能避免出错，又能使老板觉得你为人谨慎、反应敏捷。做一只好鹦鹉！

当上司在会上发言时，你紧紧追随着他的专注的眼神，毫无疑问已默默使她对你产生了好感。不管是一对一的单独交谈还是高层云集的例会，试着脑袋微倾，不时地与发言者进行数秒的视线接触！

2. 服从上级领导

作为下级应该认识到，一个部门、一个组织都是通过对上级的服从来建立其秩序的。下级对上级的反抗必然会使各种秩序遭到破坏。因此，这种行为是不能允许的。当然，上级也是人，在许多方面并不比普通人强多少。有出色的上级；有无能的上级；有不爱负责的上级；有大权独揽的上级；有严肃的上级；有滑头的上级。上级有各种各样的类型，都难尽善尽美。但不管是什么样的上级，只要你在这一部门工作，都必须听从他的命令。

人虽然都有一种不愿服从别人的心理，但对比自己强的人还是能够接受的。因此，要从行动上增加服从的自觉性，有必要从上级的工作方面、人格方面，去寻找比自己强的一方面，做出尊敬他、学习他的姿态。凡是尊敬上级、服从上级的部下，即使是最初上级对他一点好感也没有，也会逐渐改变印象。只要你认识到尊敬上级的必要性，就会从心理上排除对服从的抵触，就能摆脱那种耻于服从的感觉。

3. 适应上级要求，体会上级处境

上级领导下级去完成任务，必须要上下合作。从这一点看去，所谓上级得意的部下应该是能够很好地理解上级的要求，创造出出色成绩的部下。

具体讲，适应上级的要求，就是能够掌握上级的性格特点和工作方法，并与之密切配合。比如，听取部下汇报的时候，有的上级必须用口头汇报，有的上级却要求写出书面材料，有的上级重视按道理和规章办事，有的上级却注重关系和人情，有的上级办事干净利落，非常果断，可有的上级走一步看一步，非常慎重。作为部下，必须抓住这些特征，积极地适应。诸如，对于干什么都要搞书面材料的文牍型上级，不能叫苦连天，而应照办。要知道，这并不是迎合，也不会丧失自己的个性。这样做，完全是为了协助上级干好工作。

上级处理工作也有为难之处，对于必须由上级作出重大决策的问题，特别是在优柔寡断时，往往要征求部下的意见。当你感受到上级的这种境遇时，就可以对上级说：“我有这样一点想法，您看如何？”此时，上级会耐心去听。如果是些小事，就索性单刀直入地讲：“让我来干吧。”交换意见后，当你意识到你的想法与上级的想法相一致时，要等待上级的决断。当你意识到想法不同时，要表示“明白了”，而且赶快退下来。

敏锐地觉察上级的处境和特定心情，适时地充分表达自己的意见，是取得上级信任的关键所在。

4. 如果你有意见最好直接向上司陈述

一件工作是以上级的命令开始，以部下的报告结束的，部下担负的工作是不是进行得顺利，是上级最担心的问题之一，及时地报告可以缓解上级这种担心的心情。连情况如何也报告不清的部下是最令人不耐烦的。部下做汇报要选取适宜的时机。当然，报告不能说谎。但不合时宜的报告也没有任何的价值，特别是坏的情报要尽快地向上级报告，越是有才能的上级，越想了解坏的情报。善于报告的部下，仅凭这一点，就会受到上司的喜欢。

在工作过程中，因每个人考虑问题的角度和处理的方式难免有差异，对上司所作出的一些决定有看法，在心里有意见，甚至变为满腔的牢骚。在这些情况下，切不可到处宣泄，否则经过几个人的传话，即使你说的是事实也会变调变味，待上司听到了，便成让他生气和难堪的话了，难免会对你产生不好的看法。如果你经常这样，那么你就是再努力工作，做出了不错的成绩，也很难得到上司的赏识。况且，你完全暴露了自己的弱点，很容易被那些居心不良的人所利用。这些因素都会对你的发展产生极为不利的影响。所以最好的方法就是在恰当的时候直接找上司，向其表述你自己的意见，当然最好要根据上司的性格和脾气用其能接受的语言表述，这样效果会更好些。作为上司，他感受到你的尊重和信任，对你也会多些信任，这比你处处发牢骚，风言风语好多了。

当然不要把一些无关紧要的小事也报告上去。就像一个老板所说反感雇员为这类无关企业发展的鸡毛蒜皮的小事投诉，来投诉的人不是“是非人”就是没能力斡旋人际关系的人。这样的投诉双方都会在老板心里“失分”。

5. **理解上级难处**

领导确实有很大的权力和自主的余地。但是，应该了解，他还有很多难处。我们经常看到，有些人自己单独工作干得很好，当了领导却一筹莫展。如果遇上有才能、有事业心的部下还好。倘若不是这样，就难以带领这些部下奔向共同的目标。上级的工作并不好干，常常会为部下不努力工作而着急。而且，绝大多数上级都有他的更上级。这些人夹在上级和部下之间，必须满足各种不同的要求。因此，非常苦恼。有时候不知听谁的好，顺了这头顾不了那头，难以作出决断；同时，作为上级还负有很大的责任，一旦工作失误，既给工作造成损失，又要承受上司的谴责，在他的身上背负着种种沉重的压力。因此，作为部下，要充分理解你的上级的难处，主动为他分忧解难。而你能为上级所干的最好的事就是做好你的工作。一个人没有比他不能解决自己职务的问题更浪费上级的时间的了。独立地排除你面临的困难，不仅是培养有效工作的能力，发展有效工作所需要的门路，而且能够减轻上级的负担，提高你在上级眼中的价值。

6. **尊重上级意见**

最近对运动方面的管理，个人的竞技最受排斥。而这种观念追本溯源是由企业社会所产生的。换句话说。一个团体之中，只要有一个人有了想超越别人的想法，这个团体就会乱了阵脚，且容易造成对工作充满自信的高级职员专擅自为、独来独往的习性。

因此，在团体中要拟定计划或提案时，便需要结合大家的意见。只要个人有了自己也参与的感觉，自然而然就会产生干劲。至于把所有事项都考虑到的提案，会命其他人失去参与的机会，尤其会变成上司没有参加意见的情形。这时，虽然提案者会觉得很满足，但实际上却引起别人的反感，更有甚者还会造成扯后腿的情况。

像这种情形，最聪明的方法就是大家考虑之后，留下能修正的余地，而对上司说“我们只能考虑到这些，其他的尚未决定……”等，便可满足上司的优越感。之后，因为全体员工都参加了意见，所以提案容易通过，而提案者本身也会给人一种精明能干的印象，声望随之增高，会引起别人想和他亲近的念头。

此外，因为步骤经过修正，所以，也会产生同伴的意识。至于要实行时，大家也会感到一种责任感，因而全力以赴，故其实行的程度将比个人决定的事项更加彻底。

慎重处理办公室里的异性关系

一般说来，办公室总是两性的世界，既有男性，也有女性。古人说：“男女授受不亲”。在性别差异日渐模糊的今天，这句古训似乎有点迂腐，但也不能不说男女间的交往还是存在一个“度”的问题。更何况，办公室里异性的交往远远不会只是性别之间的问题，因为不管是上下级之间也好，同事之间也好，交往本身还会掺入一些工作利益的内容，就使关系不那么容易应付了。

1. 用自己的性别优势关心异性同事

人们对任何形式的性骚扰都普遍感到反感，但是如果能利用自己性别上的优势去帮助异性同事，则会得到他们的好感。不能否认，两性各有各的长处，比如男性较有主意，更能承受艰苦劳累的工作，也能更理性地分析并解决问题，等等；而女性呢，则显得比较有耐心，做事细心有条理，善于安慰人，等等。尽管只是同事，并不是在家里，但每个人都渴望得到同事们的关心和理解，若能善于发挥自己的长处，对异性同事多些关心和帮助，如男性多为女同事分担一些她们觉得较为吃力的差使，女性多做些需要细心的工作，多为办公室环境的优美做些事，这些对我们来说并不难，效果却很好，对方对你所给予的关心与支持打心眼里感激，将你视为可以信赖的好同事。

2. 应注意的一些原则

提醒你不要把办公室里的异性关系处理得过于随意。如果一旦处理不好，不仅会败坏你个人的名声，影响同事间的关系，甚至搞得你身败名裂、妻离子散！

下文主要讲述男女同事在办公室交往中一些应注意的事项、原则，读过之后，相信你能在办公室的两性世界中应付自如。

（1）公、私要分明

对男性而言

在办公室里制造桃色新闻对男性，尤其是身居要职的男性是很不明智的。一方面，这会严重影响自己在公司内上下阶层人士心目中的形象，让人觉得你在利用职权去占下属的便宜。至于高层人士亦不高兴见到高级职员破坏公司的风气，以致不再委以重任。

如果有一个平日你不太熟悉的女同事，主动表示想和你约会，你要慎重考虑。女人的感情通常是要培养的，如果对你欣赏，何以她平日一点表示也没有？所以如此突然的邀约，最大的可能性是杂有醉翁之意。就是说，她可能为自己的私利，也可能奉命向你探取某些情报，或想搞好关系，作为日后的桥梁，如果你有同样目的，不妨牺牲一个周末，与她周旋一下，否则避之则吉。

对女性而言

一名事业心重的男主管，接触女秘书的时间往往会比跟自己的太太相处的时间还要长。

正所谓日久生情，是最自然不过的。如果上司是未婚王老五，那当然非常理想。但假如他已是有家室之人，却又因工作上经常接触的关系，乘机勾搭女秘书，想享外遇之福，那身为他的下属，就要十分留神了。

工作中一旦加入了私人感情在内，就会令双方的上司下属关系变质，办起事来不那么顺畅。未嫁的女性甚至可能因一时意乱情迷而误了自己终身，十分不值得。

如果有男同事想邀你共度周末，请先分析一下。有两个可能：一是想追求你，但不想花太多时间，索性开门见山，这个倒容易办，一切看你本人的意思，应承与否，就看你对他的感觉。另一个可能是，你被利用了。好些男人喜欢以追求某女士为赌博，所以，请留心此人平日对你的态度和他的为人，要是并无来往，口碑又不好，劝你告诉他："我已经约了男朋友。"

（2）男、女应有别

现代职业女性在职位上已经能与男士们看齐，但并不意味着事事都要和男性一样。一般男女问题，总是从小事开始，所以"防微杜渐"十分重要。

许多公司的男职员，喜欢在下班后相约去娱乐，等交通不那么拥挤时才回家，如果女性的你被邀请同行，该怎么办？

奉劝你应避免下班后单独和男人喝酒，除非已经和这个人建立一种良好的业务交情，并确知此人会尊重你俩之间的关系。

要是这些人职位高，又有权势，而你很想跟他们打交道，那么，倒不妨借此较轻松的时间，向他们打听一下公司的动向，交换工作心得，为自己铺路。不过，与他们同行，请注意两件事：最好是一群人一起去；不要猛喝酒。

喝不喝酒纯粹是个人爱好，不要有不好意思的心理，不喝酒，你还可以叫汽水或鸡尾酒。何况，不论男女，不一定是能喝酒才能得到认同。要男人尊重你、接受你，请摆出你的工作能力和专业态度来，而非显示你比他们的酒量更好。在喝酒的场合，对职业女性来说可能是个危险的地方，因为酒酣耳热之际，容易丧失理性，甚至在言语间引起冲突或行为不检，把平日形象破坏无遗。

（3）真、假得看清

俗谓："防人之心不可无"，异性对你表示好意，是否一定是对你倾慕？尤其是在办公室这种地方，说不定对方是另有图谋！

例如，此人或许得了一项特别任务，感到十分棘手，知晓你在这方面素有心得，所以假借与你拉近距离，目的就是要利用你帮他一把。

本来，助人为快乐之本，但没有人会甘心被利用，所以，上上之策是拒绝对方的好意。以免"欠"他的情，将来被逼受利用。

另一个可能性是，有人故意让男同事用感情来拉拢你，以壮他们的阵营。这无疑是权力斗争的一个小环节，卷入不得！

即使是男同事真的对你日久生情，倾心不已，展开追求攻势，但奉劝你切莫在办公室发展爱情。因为会带来太多的不利后果，能免则免！

大部分女士又有以下的烦恼：公事许多时候是要与异性同事一起进行的，于是，有些桃色问题必须面对，而且要很小心，以免有后遗症产生。

有些男人，平日在办公室正襟危坐。对女同事亦绅士风度十足，但一旦到了外地，可能又是另一副模样，希望借此"良"机，揩你一把油。

既然是同事，当然不能板着面孔相对，奉劝你遇上对方有非分要求，或企图越轨，最佳办法是装傻。例如，工作了一整天，你与男同事同进晚饭之后，他提议买一瓶酒在房中共饮，以解闷气。你可以笑说："不如到酒吧去吧，因为我想喝杯果汁，也可以陪陪你。"

（4）上、下有距离

许多拥有一定权力的男上司，虽然家中已有好妻，仍会利用自己手中权力，追求漂亮的女同事。有些女士会辞职，一走了之，但这是消极的办法。但是，如果你在公司里工作了多年，已有一定的职位，一下子全部放弃，的确不太值得了。

所以上上之策是，既不坠入对方圈套，又不得罪他。

例如上司借故邀约你时，你可以装傻，问他："你太太也一起来吧？"或者说："好的，顺便介绍你太太给我认识吧！"

再者，要设法取得上司家中的电话号码，在必要时打电话找他太太，与她交朋友，让别有用心的上司不能得逞。

其实，你平时如果留心一点，当他太太给公司打电话时，你不是已经可以借故认识她，找她做挡箭牌吗？

如果上司想在语言上占你的便宜，比如他对你说"你是我见过的女行政人员中最漂亮的一位"之类的话，你可别乐昏了头脑，要知道这不是什么溢美之词，你应当纠正他，千万别纵容，否则他只会得一尺，进一丈。必须树立你不可侵犯的形象。要敢于反抗性骚扰，但也不要搞得草木皆兵。善于区别什么是不怀好意的骚扰，什么是出自善意的关爱，以免局面弄僵。

工作勤奋的你深得老板赏识，一天他竟要为你做媒，盛情难却，怎么办？

你不想因拒绝而破坏与老板之间的良好关系，或者接受而使关系复杂化，所以拒绝他的好意就得用些技巧了。

老板只有真待你好，才会出此言，但可能给你制造麻烦，因为无论你与他介绍的男孩是否合缘而拍拖，都会让老板对你加一重考虑，所以，聪明的做法是使事情冷却。告诉老板：感谢你对我的关心，不过我不愿将个人私生活卷入办公室。如果老板仍坚持，为避免弄僵，你不妨答应跟他俩去喝杯咖啡，但记着要选择离办公室较远的地点，避免给同事碰上。同时，在任何情况都也不能答应男孩的邀约。

老板既然纯属好意，只是不了解你的心意，所以你不必烦恼，只需拒绝他，一次两次，直到他明白你的意思，事情就会简单得多了。

不必过分疏远领导

过分疏远领导，不利于下级推销自己，不利于影响领导，不利于消除隔阂，不利于做好工作。下级要正确区分与领导接触同“拍马屁”、“别有心用”的界限。

如何处理好与领导的距离问题，是一门很深的学问。部属既要尊重领导，追随领导，又不可过从甚密，甚至是与领导你我不分；既要与领导保持适当的距离，又不能过分疏远，影响彼此的感情。在许多论述下级与领导相处的著作中，就“保持距离”问题已谈论很多，这里我们将着重讨论另一个问题，即下级也不要对领导过分疏远。

在《智囊补·上智部远猷卷二》中，冯梦龙曾介绍了一个叫唐肃的人，此人就深味人情世故，深味官场中距离之三昧。

唐肃曾与丁晋公是好朋友，两家的宅院正好相对。丁晋公马上就要入朝辅弼皇上了，唐肃就把家迁到了一个叫州北的地方。有人问他其中的缘故，唐肃说：“去他家小坐则要行大拜之礼，来往几次，就有了攀龙附凤之名。如果很久又不相见，必然又会引起对方在情感上的猜疑，所以还是躲开的好。”

冯梦龙对他的举动甚为称赞，评曰：“立身全交，两得之矣。”在我们的日常工作中，在如何处理与领导的距离问题上，有些同志的确做到了“保持距离”，不会“事涉依附”，但也有的人过分地疏远领导，以至于“情有猜疑”，影响了上下级关系的正常发展，这实在是与领导和谐相处的一大忌讳。

与领导过分疏远，不利于下级推销自己，不利于领导对你的了解。适当的接触和交流是一条纽带，可以帮助下级把自己的才华和能力介绍给领导，使领导在安排工作时，能够想到你。你可不要小看这一点，有时它会成为你命运的转机。在第三节中我们提到的那个被称为“推销之神”的原一平不就是靠着主动与领导接触、展示自己的才华而得到上级的重用吗？同时，在日常的工作中，领导往往并不满足于通过人事档案或正式途径来了解自己的下属，他还需要一些感性的知识，并加入自己的判断。档案中的人是僵化的，有时并不能全面反映一个人的各种素质和能力，而现实中的接触所得、交流所感则是活生生的，有血有肉的。增加与领导的接触和交流，就会增强领导对你的印象，增加对你的各方面能力和才干的了解，从而为你与领导建立一种良好的上下级关系，奠定了一个很好的基础。而过分地疏远，只能使你被埋没。毕竟“酒香不怕巷子深”的时代早已过去了。

与领导过分疏远，也不利于下级影响领导，发挥自己的聪明才智。借用国际政治中常用的一句话。“只有接触才能影响；只有交流，才能合作。”领导与被领导者之间，是一个相互作用、相互影响的互动过程。领导在与下级的交往中，往往会受到下级观点的启发，下级便也因此获得了影响力，增强了自己的重要性。

小王曾在与领导的交谈中，说出了一个自己对工作的想法。领导听后，觉得很有新意，值得重视。于是，他便告诉小王，注意搜集一下这方面的材料，最好能把这个想法变得更成熟一些，拿出一个方案来。小王非常珍惜这次机会，做得非常认真，也非常出色，因而获得了领导的赏识。

与领导过分疏远，不利于消除上下级之间的隔阂。隔阂和成见都是由于信息交流不畅、信道阻塞造成的。有些下级，因为与领导之间有误解，所以就故意躲着领导，这其实只会加重彼此的隔阂，造成心理上的偏执，更不利于协调上下级关系。明智之举是，越是彼此之间存有芥蒂，就越应该主动地与领导接触，增强沟通，防祸患于未然，阻止事态的恶性发展。还有些下级，本来与领导相处甚安，但是由于故意地疏远领导，想保持距离感，反而使领导觉得这位下级对自己有态度有看法，因而也对之产生了猜疑。“疑”与“信”是相互对立的，古人讲：要信而不疑，怀疑常成为祸患之源，有了猜疑便会有心理隔膜，便会“听信谗言”，便会导致最终的失去信任。做下级的，一定要注意消除误解，释上猜疑。

与领导过分疏远，还不利于下级做好工作。一般领导都喜欢把重要的工作交给比较了解、信任、心有灵犀的下属去完成，这样与领导疏远者就无法担当此任。没有做重要工作的机会，自然也不易做出重大成绩，获得领导的重视。与领导过分疏远者，往往不易得到上级的支持，没有上级的支持，你就会有许多难以克服的障碍，影响工作的成绩和效果。而且，实践也证明，工作中是特别需要与领导保持经常性的接触的，这是保证工作沿着正确方向进行，能够做到随机应变地调整计划和处理问题的必然要求和根本保障。做不好工作的下级，便会失去领导眼中的价值，难以得到重用。

与领导接触，并不是“拍马屁”，“别有用心”。下级在与上级交往中，一定要克服这种心理障碍。这种心理障碍会使你对领导持一种敬而远之的态度，为你的发展带来诸多不利。友谊与势利是两回事。投人所好、曲意逢迎的拍马屁，是建立在人格扭曲的基础上，而寻觅友谊的交往，却是人格解放的表现，在具体行为表现上，是光明磊落、不卑不亢的正常交往，同别有用心的阿谀之举，是有着明显的区分的。下级只要做到真心诚意，大可不必去领会旁人的冷语与猜忌，此正是“不做亏心事，不怕鬼敲门”。

当然，我们说友谊与势利是两回事，并不等于说友谊不会带来利益。抱以一种实用主义的态度，与领导关系很好这本身就是一种利益，对下级大有好处。据说，有的同志就是靠同厂长下象棋，解决了自己长期得不到解决的住房问题。只要不危害国家和社会的利益，不违反党纪国法，这样的结果也是无可厚非的，而且值得我们下级思考。

总之，与领导的接触和交往，是一个自然而然的动态过程。切不可过分疏远，以示保持距离，或者有意与领导接触，以示缩短距离，这都是不恰当的。

推功揽过，赢得上司的信赖

事业有成绝非是一人之功，功劳再大也不能无视领导，所以要推功。人无完人，事有成败，危难时勇担责任，方显忠勇胆色，所以要揽过。越是关键处，副职就越应维护正职的权威，以实际行动帮助正职解决问题，渡过难关。

一句外国谚语说：“通过争夺，你永远不会获得满足；通过让步，你的收获比期望的还要多。”推功揽过，其实就是通过后退一步或牺牲自己的局部利益，来换取正职的信赖，建立正副职之间的密切关系，从而为开展工作乃至个人发展奠定良好的基础。

副职在实际工作中有所成绩，这离不开本人的辛勤工作，但是，也不难想象，如果没有正职的大力支持、协调帮助，副职就会被束缚住手脚，有能力而无法发挥。那些被正职压制、打击或故意冷落的副职是根本不可能创造出什么业绩的。所以，副职不能因为有点儿成绩就全归功于自己，而应重视客观外部环境所造就的有利因素。从公心而论，副职把成绩归功于正职的领导与帮助是有一定道理的。

其实，副职所干出的成绩是有目共睹，难以被侵吞或抹杀的。如果一个副职时刻注重维护正职的权威，有成而不骄，居功而不傲，他越是谦虚，就越能赢得正职的信任。很明显，这里是带有一点“舍生取义”的味道，即舍去部分的切身利益来换取正职的工作友谊。推功表明你目中有人、尊重领导，承认正职的权威和领导，也显示了你对他的支持。你应明白，正职欲搞好工作总是需要忠心耿耿的追随者和支持者。一旦他把你当作自己人看待，就等于为你以后的工作扫除了无数的障碍。所以，那些争功诿过者真是“因小失大”呀！

而从不好的一面来考虑，推功也是防止“功高震主”。虽然我们是不提倡封建主义的那套权术的，但是现实中的确存在着正职对功劳过大的副职的某种防范的情形，所以从开阔思维、预防恶果的角度来说，我们仍是要对这一问题加以注意的。从现代领导学和心理学的角度看，“功高震主”一点也不神秘，不过就是正职从维护自身利益出发所要求的一种安全感，是权力一元趋向的一种象征。如果副职不注意分寸，过分突出自己，就会使正职感到一种威胁，一种可能产生权力挑战的威胁，这势必引发他的敌意或警惕。这种意识随着正职所感受到的威胁或者说是副职的功劳的增大而有可能增大。所以，中国古代政治家是强调居安思危的，越是春风得意之时，就越需要注意检点自己的言行，谨慎做人。

因此，当副职做出一定的成绩，特别是做出了大成绩的时候，就要特别注意谦虚，注意突出正职，让正职走在前排，以防止正职出现心理失衡，影响今后的工作，影响彼此的关系。

我曾认识这样一位副职，很有才能，工作干得十分出色。在我看来，其各方面的能力要超过他们单位的正职。但是他这个人却特别谦虚，干出成绩来总是归功于正职的正确领导及同事们的支持，因此声誉颇高。由于他处处维护“一把手”的脸面，“一把手”对他十分器重。那个单位的正职感到，让这样有才干又一心为自己护台的人做自己的副职，实在是委屈了他。因此，当同一系统的另一单位需要一位正职时，这位“一把手” 极力向上级保举他的这位副职，并终于如愿以偿。现在，这位领导干得又很不错，我认为他前途无量。

副职不仅要善于推功，还要敢于揽过。

金无足赤，人无完人。一个正职再英明，也总有虑事不周的时候。更何况事情的成败又总要受到偶然因素、执行能力等的限制。所以，干工作犯错误是难免的，作为副职应当尽辅佐之能，尽量挽回损失，补救后果，而不应当说风凉话，看笑话、落井下石，做“事后诸葛亮”。这些做法不见得会给副职带来什么好处。

从工作的角度来讲，失败并不可怕，可怕的是争相诿过。如果副职能从大局出发，主动承担责任，就会为正职创造更多的主动和更大的回旋余地，为解决问题提供更多的机会，扭转局面。如果领导班子内部互相拆台，把责任一股脑儿地推到正职头上，这就会打击他的威信，也会降低他干工作的信心和决心，这样往往会把工作搞得没有生气，结果对所有的人都不利。

这时，最忌讳的就是有人说："我当时就觉得这办法不好，结果弄成今天这个样子。如果按我说的办，绝不会是今天这种局面。"显然说这种话的人在推脱责任，或只是显示自己的高明，但结果绝不会很好。不但群众不喜欢这种"观火者"，更会招致一把手的厌恶。

从正、副职关系而言，副职挺身而出，勇担责任其实是为领导解围，有利于正职解决问题，维护权威，因而他一定会从心里感激你。危难之时见真交，越是关键时刻，越是能看出一个人的真实本质。副职能够以大局为重，全力帮助正职渡过难关，一定会增进你们彼此的感情，在适当的时候，你的这种勇于献身的精神定会得到回报，你的损失也会得到补偿。

这里，应该把"揽过"与"当替罪羊"区别开来。首要一点就是，我们应该弄清"过"的性质，是否应该由自己承担以及承担后果。工作中的有些问题与正职的严重错误有关，这些错误往往是副职承担不起的，即使副职将过错揽在自己身上，也不会有利于工作的开展，相反只会使正职的错误被掩盖过去，并影响到副职自身的发展。因此，强调副职要勇于揽过，绝不是说副职盲目地、不加分析地承担责任，而是根据具体环境，本着有利于开展工作，有利于改正错误的精神进行的。

其实，揽过并不一定是指结果上的过失，对于那些风险很大，可能造成不利后果的事情副职也应当勇于承担。由于正职处于各方面问题的焦点，着眼于全局考虑，有些问题不便于亲自处理，或处理不当可能会引起全局震动，这时，副职就应挺身而出，以淡泊心、忠勇心待之，把这些棘手事揽过来。日本前首相田中角荣在做副职时就在这方面做得好，因而备受赞誉。

1969年尼克松出任美国总统以来，迫于强大的院外集团的压力，强烈要求日本自动限制纺织品出口，以保护美国南方的纺织品制造业。而且，随着形势的发展。还把"纺织品问题"与"归还冲绳岛的问题"联系在一起。当时的佐藤荣首相为了收回冲绳岛的主权，与尼克松做了秘密交易，保证："纺织品问题将会像总统所希望的那样解决。"但会谈不久，这桩"卖线买绳"的交易便被报纸披露，通产省也断然拒绝美方的方案。这使佐藤荣处于十分尴尬的境地，并接连换掉两位通产大臣。但是日美会谈依旧陷于僵局，而美方态度正变得日趋强硬。

1971年，佐藤首相起用田中角荣入主通产省。在这种日美政府意见僵持，日本政府深感焦虑不安的时候，田中角荣出任通产大臣，可谓受命于危难之际，处于风浪之巅。

田中在会谈中感到，纺织品问题靠迄今的办法是解决不了的，日方必须首先从高处跳下来，作出让步，否则日本的各个行业都会受到影响，遭受损失。因此，他在对日本纺织业的损失作了估计并做出补救措施后，以全新的姿态开始与美方谈判，并最终达成妥协。正如田中所料，他的行动受到日本纺织业联盟及其他在野党的强烈反对和猛烈抨击。但是事实证明，田中的让步是正确的，有利于日本经济的整体发展，日本在让步的同时也有所收获。特别重要的是，田中以"耿耿忠心"、"拼死护主"的精神获得了自民党的广泛赞誉，由于他帮助佐藤摆脱了困境，因而也大受赏识。在这种巨大的冲击中，田中并不是靠"愚忠"，而是靠解决问题来辅佐正职，从而为他后来的竞选成功奠定了基础。

北京宣武区第二建筑工程公司的一位副总经理曾总结自己的工作经

验说："在工作中，还应有推功揽过的精神，作为副职，在出现问题时，首先要维护正职的形象和领导权威，勇于承担责任。在有成绩时，要首先肯定领导有方、同志工作努力，不能反其道而行之。"我想，所有副职都应记住这段话。

领导不是圣人，别轻易冲撞领导

领导绝非圣人。冲撞领导会激发他的怒火，对你充满敌意。恨人是最可怕的。不要使自己撞在枪口上。与领导谈话，应注意方式方法、态度和时机问题。

人一旦被人恨，往往就会进一步恶化事态，使领导从此对你充满敌意。所以，下级一定要注意不要使自己成为领导仇恨的对象。而冲撞领导，最能招致领导的恨，使他对你充满怨恨和怒火。

大多数领导喜欢听命于自己的下属，这不但是上下级组织关系的必然要求，也是领导履行职责、达到预定目标的前提保障。领导们一般都会认为，自己有权要求下属去做某些事情。

许多领导还认为自己比下级要优秀，因此才能够做领导，在潜意识中，有着很强的优越感，对自己充满信心。那么，优秀的人发出的指令，下级就应服从，而不是各有主张、各行其是，破坏自己的计划。

领导还是有着很强的尊严感的。行使权力、发布命令，使事情向着自己所预想的目标发展，会给他带来这种感觉。而尊严是一个人最敏锐，也是最脆弱的感觉。因为它总是同一个人最本质的某些东西相联系的，侵犯尊严便等于是对人的污辱和蔑视。这在自认为理所当然地享有受人尊重的权力的领导的眼里，是绝对不能被容忍，更不能被谅解的。

许多时候，下级的冲撞会使领导下不了台，面子难堪。如果领导的命令确有不足，采用对抗的方式去对待领导，这无疑会使他感到尊严受损，以敌意来对抗敌意。特别是在一些公开场合，领导是十分重视自己的权威的，或许他会表示，可以考虑你的某些提议，但他决不会允许你对他的权威提出挑战。

下级冲撞领导一般都会使用比较过激的言辞，特别是一些很伤感情的过头的话，这些话会像一把把尖刀直冲向领导的内心，这势必会惹得他怒火中烧，大发雷霆，视你为敌。在这种情形下，你可能是出于某种忠心才说的，但如言辞不当，反而会使领导认为你是一直心怀不满。他会想："嘀，这家伙隐藏得好深，竟骗过了我！原来他一直对我有成见，一直是三心二意，今天终于暴露出来了！"一种算总账的仇恨就会像火焰一样地烧起来，以至于失去冷静的分析。

对抗会使领导失去理智。领导觉得尊严受损，权威受到挑战，在面子感到相当狼狈难堪，这会使他把事态看得十分严重，一时也不会考虑什么是非曲直，只有一味地报复下级。在此种情形下，领导一般都会十分激动，甚至是头脑发昏，恼羞成怒。失去冷静的判断，你就成了他的第一号敌人，他势必要摧垮的对手，过激行动常常会因此而发生。即使是当时比较克制，事后也会是越想越是气恼，找机会报复你。

抗上者死，这是历代刚直迂腐谋士之悲剧，下属不得不引以为鉴。

三国时，诸葛亮初展才华，火烧博望坡，杀得曹军大败。曹将夏侯惇对曹操说；"刘备如此猖狂，真是心腹之患，不可不先下手为强，除掉他。"而曹操也认为，刘备、孙权乃自己统一天下之大障碍，所以决定发兵讨伐，扫平江南。

而有一大夫，叫孔融，却是迂腐得很。他以刘备是汉室宗亲；孙权以虎踞龙盘为名，称曹操是"兴无义之师，恐失天下之望。"因此，惹得曹操大怒。孔融退出，仰天长叹："以最不仁义去讨伐最仁义者，怎么能不败呢？"结果被人听去，报告了曹操，曹操又是大怒，诛杀了他的全家。

据说，早就有人对孔融说过："你这人刚直的有些过分了，这是你自取祸患的根本。"

孔融不谓才不高，但他未领会主人的意图和决心，出言不逊，特别是以"至不仁"来形容曹操，这怎么能不使曹操心怀懊恼，必欲杀之而后快呢?

所以，下属在与上级说话时，切勿激动，而是要时刻提醒自己，即使自己是对的，也要注意态度、方式、方法和时机问题，不要冲撞对方，引起上级的怒火，使他怨恨于你。

下属首先应在态度上保持对领导的尊重，切不可流露出对对方的意见、不屑一顾的神色。一定要把谈论工作同个人的能力或尊严区别开来，时刻留意，不能把对工作的看法上升为对人的看法；也不能让对方误解，认为自己对领导本人有看法。只有上级感到，你仍然是承认他的权威的，你的意见是针对工作而非借工作之名行人身攻击之实，他们多半会冷静下来，考虑你的想法。只要你超脱个人利害，处处替领导着想，领导不是没有体会的，他会为你的忠诚所感动。

下属谈论问题时，还要注意方式、方法，以一种对方更容易接受的方式来说明自己的想法。一般来说，语气要温和，言辞要避免极端，最重要的是有分析，有根据，条理清晰，能够说服人。下级一定要记住，领导是权威，拥有最终的决策权，而你只不过是一种建议或参谋。对领导说明看法，不要选用那些过于肯定的方式，而是要用商讨的语气委婉地加以表达。比如说，可采用这样的方式："我想这样是不是会更好些？"、"也许我的这点看法会对您的计划有所补充"、"我觉得自己有责任向您反映一些情况的"，等等。

另外，下属还应选好时机和场合。在公开场合说就不如私下里谈好，事已确定就不如事情尚处酝酿中说好。领导正发脾气时说就不如等他心平气和时说好。领导心绪低落时说就不如领导正比较得意时说好。总之，下属应根据领导的脾性、作风、情绪等，相机而动，选择一个最能使他接受别人的时机与他交谈。

不能冲撞领导，这是一个一般性的规律，但并不等于说在特殊情况下，不能利用之来深刻说理，达到说服领导的目的。

北宋名臣赵普是赵匡胤的心腹，曾为他出过许多决定全局的妙计，深得宋太祖的信任。平定天下后，赵普建议宋太祖实行“弱枝强干”的政策，剥夺大将兵权。宋太祖却犹豫不决，认为自己待之不薄，手下人是不会叛乱的。赵普苦劝无效，便冲撞他说，那你怎么就能背叛你的主人呢？太祖惊然醒悟，立刻便下了决心。

NO.5 形象/ image：你的职场形象究竟多少分

一个可信度高、有竞争力、积极向上、有时代感的个人、企业形象，是潜在的事业成功者和企业品牌的内在优良品质和魅力所在。在这个熙熙攘攘、瞬息万变的商业世界里，拥有自信干练和卓尔不群的专业形象，才能让你和你的企业与成功有约。杰克·韦尔奇说："我绝不允许那些睡眼惺忪，抬不起头，缩肩弓背，看起来半死不活的员工为我工作。在市场营销方面，我会聘用那些外表英俊、谈吐流畅的应聘者。"职场形象是一个人工作的全部角色。像产品一样，根据功能不同，我们每个人都被包装得各不相同。你的形象就是你的说明书，你穿衣吃饭的品位代表着你的文化修养，时刻向别人宣告我是怎样一个人，我从事怎样的工作。在你的办公桌上放置一张符合你职业形象的照片，更彰显你的专业和自信。

职场形象决定职场命运

在这个越来越全球化的社会，一个人尤其是职场人士的形象将可能左右其职业生涯的发展前景，甚至会直接影响到一个人的成败。据著名形象设计公司英国CMB对300名金融公司决策人的调查显示，成功的形象塑造是获得高职位的关键。另一项调查显示，形象直接影响到收入水平，那些更有形象魅力的人收入通常比一般同事要高14%。知名形象设计师鞠瑾女士认为，职场中一个人的工作能力是关键，但同时也需要注重自身形象的设计，特别是在求职、工作、会议、商务谈判等重要活动场合，形象好坏将决定你的成败。

以往，人们往往以为形象就只是指发型、衣着等外表的东西，实际上现代意义的形象是包括仪容（外貌）、仪表（服饰、职业气质）以及仪态（言谈举止）三方面，其中最为讲究的是形象与职业、地位的匹配。鞠瑾认为，一个人好的形象，不光是把自己打扮成多么美丽、英俊，最主要的是要做到自身发型、服饰、气质、言谈举止与职业、场合、地位以及性格相吻合。

成熟稳重是职业形象的关键

所谓职业形象，当然需要与你的职业紧密结合，而其中最重要的当然是要体现出你在职业领域的专业性。任何使你显得不够专业化的形象，都会让人认为你不适合你的职业。鞠瑾女士建议，如果你想事业有成，首先你得让人看起来就像事业有成。

资深形象设计师吕晓兰认为，专业形象的设计，首先要在衣着上尽量穿得像这个行业的成功人士，宁愿保守也不能过于前卫时尚。另外最好事前了解该行业和企业的文化氛围，把握好特有的办公室色彩，谈吐和举止中要流露出与企业、职业相符合的气质；要注意衣服的整洁干净，特别要注意尺码适合；衣服的颜色要选择皮肤的中性色，注重现代感，把握积极的方向。

还有专业人士认为，成熟稳重是职业形象的关键，所以在日常工作中一定要注意表现出自身的成熟。应该尽量避免脸红、哭泣等缺乏情绪控制力的表现，因为那不但令你显得脆弱，缺乏自制力，更会让人怀疑你会破坏公司形象。另外，在言谈中表现出足够的智慧、幽默、自信和勇气，少用嗯、呵等语气词，会使你看起来更果断而可靠。

职场形象要突出个人风格

现在在中国职场唱主角的是20世纪七八十年代的年青一代，他们的思维和性格越来越差异化、个性化，对自己职业形象细节的专注，对自己职业形象价值的认识也达到了前所未有的高度。因此在职业形象的设计上也必须在细节上体现出个人风格。鞠瑾女士告诉记者，职业形象的功能在于交流和自我表达，在于打造个人的品牌，如果在形象上千篇一律，没有个性，即使再得体、再职业化也是不成功的。

位于天河北的某形象设计机构的首席顾问张女士称，要想打造出自己的个人风格，首先要在形象顾问的协助下对皮肤、相貌、体形、内在气质进行对比、测量和分析，了解到自身的优缺点，然后再针对这些细节去寻找最适合的设计：服装用色、款式、质地、图案，鞋帽款式、饰品风格与质地、眼镜形状与材质、发型等。

张女士认为，每个人都有属于自己的独一无二的优点和气质，也许没有骄人的容貌，但有高挑的身材；没有清秀的五官，但有细腻的肌肤，问题是有没有发现自己的优点，并将它最大限度地展现出来。

积极形象，把好运吸到自己身边

平时在工作中，我们的穿戴言谈都是需要格外注意的。要强调的是，符合这些要求的员工不一定就是个绝对出色、受老板赏识的员工，但一个受老板器重的员工，一定是符合这些要求的。也就是说，这是一个身在职场中的员工必须具备的一些基本素质。

穿着：得体而不失自我气质

职场中的衣着穿戴是颇有讲究的，穿着得体既是对老板和同事的尊重，也是对自己的尊重。同时通过穿着也可以向老板和同事展示你的气质和品位，让他们在印象上就对你颇具好感。得体的衣着，会使他们认为你品味高雅，有修养，乐于和你交往。毫不夸张地说，可能就是因为你得体的衣着，你在众多竞争者中被老板格外欣赏。

杨洲到一家教育软件公司上班。起初，他并没意识到着装需要比在大学时更加讲究，所以常常穿着大学时的运动服，有时甚至穿着拖鞋上班。一天，老总找他谈话时，盯着他脚上的皮凉鞋看了又看。杨洲心里很不踏实，事后请教同事才知道，到了秋天，还穿着凉鞋，很不协调。同事告诉他，该公司十分强调员工的职业形象，衣着要讲究一点，不要那么“土气”。从此，杨洲便经常请同事当参谋，购买了一些得体的衣物，并时而到美容院去打理一下。不久，同事们都说他精神面貌大有改观，他在交际中也更自信了。

职场中的女性着装尤其需要注意和讲究。白领女性的穿着除了要因地制宜、符合身份、清洁、舒适外，还须记住要以不妨害工作效率为原则，才能适当地展现女性的气质与风度。例如女性的衣着如太暴露，会容易让男同事不知所措，自己则要时常瞻前顾后，如此会影响自己的工作效率。

那么女性的上班着装应注意哪些方面呢？可以从以下几个方面入手：

1. 配合流行但不损及职业形象

原则是“在流行中略带保守”，故现今流行的凉拖、脚链、内衣外穿、透明衣饰等都不适合上班穿。为避免影响职业形象，对流行事物应有所取舍。

2. 衣服质料宜挺括

纯麻纯棉的衣服易皱，混纺的料子虽质感较好，却有不散热的缺点，两者都不适合作为上班的穿着。因此质料的挑选以不皱为原则，但太薄或太轻的衣料，会有不踏实、不庄重之感。

3. 衣服样式宜素雅

上班的职业妇女最好穿着素色服装，花色衣服则应挑选规则的图案或花纹如格子、条纹、人字形纹等，才显得规行矩步。财会部门人员尤应注意，因衣着若太花哨会掩盖“人”的主题，使职业形象将受到破坏。

4. 工作服一定要每天整烫

如此才显得较有精神，即使是可以“免烫”的衣服，也要将缝线烫过，才会更为笔挺。这是因为缝线多为棉质，洗过后容易卷曲的缘故。

5. 袜子的选择

以透明近似肤色的最好，并在办公室或皮包内存放备份，以便在脏污、破损时可以更换，避免尴尬。

6. 饰品不宜过多

职业女性事实上只适合佩戴耳环，表示成熟，其他饰品如项链、手镯、戒指等不宜过多，恰到好处即可，脚链则绝不适合上班佩戴。鞋子也属饰品之一，凉鞋不适合在工作场合穿着的原因是它“空前绝后”，并不雅观。与男士衣着原则相同的是，饰品尽量选择同一色系，因为这象征了你的品位与经济实力。

职场男性的着装同样不可马虎。在职场中男士多半是穿着西装，但并不是人人都知道正确的西装着装方法。在这里我将穿西装的几个误区罗列如下，如果你也存在这些问题，那么请尽快改正，重新树立你在职场的男士形象。

1. 穿西装配白衬衫不打领带

穿西装配白衬衫是最正规的穿法，所以如果不打领带的话，会给人一种很随便，很不修边幅的感觉。而且白衬衫没有花纹，较为单调，让人总觉得少点东西。如果你确实不想打领带或实在是没有时间，你可以有三个选择：

选择一：换一件领子较阔的白衬衫，将领子翻出来，一个时髦的look就出来了，不过穿在外面的西装得选深色的；

选择二：可穿一件深色的衬衫，有条纹或格子的为首选，这样给人的感觉就不会单调，而且还有瘦身的效果；

选择三：一件高领的套衫是西装最稳妥的配件，颜色比较多，也易搭配。

2. 色彩乱搭配

一套正规的穿戴由西装、衬衫、领带、西裤组成，西裤的选色相对容易，只要你选择一些例如深蓝、黑、深米色之类的百搭颜色就可以了，但是如果要西装、衬衫、领带三者搭配得好就有点难度了。这里介绍一种最稳妥的方法：

领带不要选太花哨的，以深灰色为宜，衬衫选择白色的是最保险的方法，西装为深色，三者之间的色差不要太大，尽量是同一个色系的，这样整体上看起来才会舒服。

3. 不注意配饰

西装的配饰包括：纽扣针、领带夹、皮带、皮包、袜子、皮鞋。无论你穿得多有风度，如果别了一个难看的纽扣针，夹了个锈迹斑斑的领带夹，穿了一双与整体极不协调的袜子，皮鞋又没有擦——想想看，你的整体形象还会好吗？所以，在你重视外衣的同时，也要注重一下这些配件。

说完了西装，我们再说说男士在职场穿着中应注意的别的问题。

现在的年代是一个标榜个性的时代，人们在穿着上有着更大的自由度。但作为一个职场男士，一些约定俗成的穿着规则仍是需要遵守的，除非你是极具审美情趣和想象力，又善于搭配者；否则，请务必在以下一些细节上遵守旧有规则：

除特殊场合外，裸露是有失礼仪的。与女性相反，作为男士，在出席正式场合时，除头和双手外，应尽可能少露出肌肤，不要让别人“一览无余”地看到自己。否则，易给人轻浮粗俗之感，健美的体格还是留在泳场、海滩和健身房中去展示吧。

紧身衣有时和裸露是同义词。一位作家曾尖锐地指出：男式时装史上最可悲的一页是发明了紧身衣。紧身衣发展至今虽然更舒展、更具修身效果，但它的最佳用途还是作为内衣，配衬时装，来达到保暖和删繁就简的功能。

纯白的西服套装应视场合穿着。除非你体态骄人，风度翩翩，有从容驾驭这类抢眼打扮的自信，否则只可在非洲或撒哈拉沙漠等地穿着。在众多正式场合，人们都穿着深色服饰以示沉稳，纯白的醒目刺眼会显得滑稽和尴尬。当然，在婚礼上或运动场合，全身白色的打扮依然是得体和帅气的。

领带系得过长或过短均有碍观瞻。过短压不住衬衫，仿佛脖子上套了根绞索，又好像大人系了根孩子的领带；过长则易左右晃荡，显得不稳重。领带的长度应以领带尖下垂触及裤带扣为宜，身材过高或过矮的男士，不妨定制与自己合适的领带，以防因领带长短失当而贻笑大方。

口袋中不要放置过多的物品。我们常见男士胸前口袋中放着烟，甚至笔和笔记本，胀得鼓鼓的，却又系着领带，这种打扮注定一辈子是小职员的命运，上衣口袋以及西裤的口袋尽量少放物品，才显得干净利落，风度翩翩。

颜色和质料忌过度花哨。职场男士的打扮不能盲目追求潮流。目前一些花哨的颜色和廉价的化纤料子又流行起来，偶尔在休闲场合穿穿无妨。在办公场合，不妨穿清一色的正式服装，质料贵重些，式样甚至老套些也会给人沉稳干练之感。过分年轻化，只会减损你的威信。

不刻意地用香水。干净的发香味、浴身气息是男子的最佳香身术。不要刻意洒香水，可以在洗衣服时用点香水，经阳光照射，变淡了的香气更适合身份，更好闻。勤洗发的发香、勤洗浴的浴身气息无疑是最具魅力的男儿气香。

饰品简而精。高档的整体衣饰搭配才可配少许的饰品，过多的饰品如同调料过多给人难以下咽的感觉一样，难以入眼。如果穿着朴实，最好不戴饰品，就连皮包也应选与衣饰相配的品种，比如一种尼龙编织的轻便式背包，可与普通衣着匹配。

皮鞋应每时每刻保持光洁。皮鞋虽是男儿脚下物，却最显身价。随时保持亮度和光洁，是你衣着品位的标志。

夹克衫和牛仔裤被称为年轻化服装，即使中老年人穿着也显得潇洒、自由、青春正盛。而身材矮胖的人穿着却不能收到预期的效果，反而显得臃肿。宽松毛线衫，可以衬托出粗壮的男性体形，而瘦高的人穿上，却给人衣不全体的“衣架子”印象。相反，如果瘦高个穿上羽绒服，情形将会大为改观。

男子在社交场合选择的服饰，应当遵从三色原则，即西服套装、衬衫、领带、腰带、鞋袜一般不应超过三种颜色。这是因为，从视觉上讲，服装的色彩在三种以内较好搭配，一旦超过了三种颜色，就会显得杂乱无章。更讲究的做法是，使服装的色彩在三色甚至同一色系的范围内，先西装，次衬衫，后领带，逐渐由浅入深，这是最传统的搭配。反之，领带色彩最浅，衬衫次之，西装色彩最深，即由深入浅搭配服装，也是可行的。

总之，男服必须具有明显的性别感。简洁有力的线条，深沉和谐的色彩，大方而又便于行动的款式，是男性服装的特征。

行为：细微之处见真功

行为既然是一个员工在公司里应掌握的最基本的行为准则，故在此我自然不会过于详细和繁复地将一些行为原则展开介绍，那是后面几章的任务，这里所说的是一个合格员工应该时时谨记的行为法则。

首先我们来说说员工应注意的礼仪和禁忌。

1．从最细微的地方要求自己

不光是老板，即使是一般人也总是欣赏那些行为得体、注意细节的人，因为他们总能给人清爽、细心、认真、仔细之感，自然会给人留下好的印象和信任感。同时，这些员工让老板感到放心，他们从一开始就给老板留下了非常良好的印象，成为老板倚重的员工，在考虑晋升的时候，老板自然也最先想到他们。

某大型企业进行招聘，招聘的职位非常诱人，待遇也非常优厚，一时间应聘者如云。经过激烈的竞争，闯入最后的面试的一共有五个人，但是只有一个人能够脱颖而出。最后一轮面试是在这家大公司的会议室进行的，当这五个应聘者走进会议室的时候，发现会议室的门口旁边有一把倒下的椅子。紧接着面试开始了，五个应聘者都非常优秀，都是对答如流，但是只有一个应聘者在离开之前把这把椅子扶了起来。最终的结果出来时，被聘用的正是这个扶起椅子的应聘者。公司的老板对此的解释是："他们都非常优秀，可以说是不相伯仲，但是这个应聘者体现出了其他应聘者没有的品质：对于公司形象的维护和对公司财产的爱护，这正是我们需要的人才。"

2．与老板相处要讲艺术

据说拿破仑当年最讨厌别人拍他的马屁。所以喜欢谄媚、奉承的人也绝难受到他的重用。有一次，随从之一对他说："将军，你是最讨厌别人对你拍马屁的吧？"拿破仑笑着回答："是的，一点也不错！"

可事后，拿破仑却不得不承认，这就是一记最好的马屁，而自己竟笑着接受了。于是颇为感慨地叹道："讨厌别人对自己拍马屁的人真是少之又少啊！"

总有人认为讲究与人相处的艺术，在不违背原则的情况下多说点别人爱听的话就是拍马屁，因而耻于为之。事实上也不尽然，因为这些都是与老板、同事来往的、至高无上的"润滑剂"，何况这种美丽的言辞又是免费供应的，如此于人有利，于己无损而多益的事，又何乐而不为呢！

谁都明白在工作中讨得老板的好感是何等重要，但"讨"的方法可大有学问。

——适时地在他人面前赞美老板

当着老板的面直接给予夸赞，很容易给人阿谀奉承的感觉，而且，这种正面式的歌颂功德所产生的效果，通常大多并不是正面的。与其如此，倒不如在公司其他部门，老板不在场时，不失公允地夸赞老板几句。这些赞美终有一天还是会传到老板耳中的。一个精明能干的老板，即使在他管不到的部门内，必定也会安置一两名心腹。

——给老板当"枪手"

老板不擅长舞文弄墨，或者事务繁多，身为下属的你就应该发挥一下"枪手"的长处了。在别人所写的文章上删减修改，是很容易的事。所以只要先打听好该写的内容，然后在工作的空当中动手起稿就没问题了。在公司中这种人有如老板的左右手，必然极受老板的礼遇与尊重。

——老板无意的言谈记心头

跟上司一起用餐时，对老板偶尔吐露的话要牢记，并在恰当的机会中加以实践。

例如，老板说："最近听说本新书叫什么××××，有机会的话真想拜读拜读。"这时就要抽空到书报摊或书店，买回来呈给老板看。

虽然老板的话和工作根本扯不上关系，可是做下属的应该有随时听候差遣的心态。在可能的范围下，对老板的一言半语都应给予充分重视。同样，虽然老板说话并不期盼别人来做，甚至没有一点渴望的语气，可是下属若对老板的话都认真地记在心上并尽可能地争取落实，老板一定会喜出望外，从而对你更加器重。

职场中最受欢迎的举止

影响力从来就是和一个人的举止联系在一起的。举止风度是一个人在运动状态下的亮相。它包括坐立行走、举手投足、喜怒哀乐所表现的各种行为姿态，被人们称之为心灵的轨迹。一个人如果在举止上缺少文雅和稳重，就会由于流于浅薄而得不到人们的喜爱。因此，生活中的每一个人，一定要使自己的举止行为优雅大方、稳健从容、表里如一、不卑不亢，以风度迷人，以魅力惑人。

要成为公司的支柱型员工，就要对自己要求更严格。

1. 坐立行走要文雅大方

无论在什么场合，人们都应自觉地养成一种良好的坐态。工作时要精力充沛，给人一种振奋昂扬的印象；切忌东倒西歪，委靡不振。此外，人们还要养成站立的习惯，参与社交活动尤其是出席会议时一般都要站着讲话，这既体现了文明礼貌的素养，而且也符合国际惯例。由于人在站立的时候显露的部位比较大，因此更要注意站立的姿势。在大会上，要大大方方地起立致意；不要弯着腰、扭着身、束手束脚，而要从头到脚垂直成一条线。行走步伐要从容稳健，不要摇头晃脑、东张西望、勾肩搭背。

2. 举手投足要自信亲切

在与人沟通中，你的一举一动要自然而庄重，既不摆架子、指手画脚、盛气凌人，又不唯唯诺诺、畏首畏尾、诚惶诚恐，而且应当不卑不亢、优雅潇洒、落落大方、自尊自信。如公元前703年，曹太子去朝见鲁国国君，被待以上卿之礼。在迎宴之时，曹太子忧郁叹息，引起鲁国大夫施父的不满。曹太子的失态不仅有损于个人形象，更重要的是它在两国交往中埋下了阴影。历史上，这种在外交活动时因举上失仪而招致害国之事并非鲜见。在外交场合周旋，个人的行止往往被看做是国家对某事、某国的一种态度，因而绝不能因个人喜忧而轻率从事。要做到举手投足亲切得体，人们还必须对自己的事业和能力有充分的信心，而这种自信也会从人们的举手投足间自然体现出来。

3. 喜怒哀乐要深沉有度

每个人都有喜怒哀乐，与一般情况不同的是，人们在社会交往过程中的喜怒哀乐不仅代表自己的情绪，而且还将影响公众的情绪，因此必须有理智地加以控制。人们在善恶是非面前应当爱憎分明，与公众同呼吸共命运。但是，人们的喜怒哀乐在公众场合则应当表现得更为深沉。

在参与社交活动时，要尽量表现出自己独特的喜怒哀乐方式。深沉的喜爱，除了友好的动作外，更体现在爱护、关切、由衷赞赏与喜悦的神情和目光上，要控制过分激烈、狂热的行为；深沉的愤怒不在于说话声调的高低与强弱，而在于内心表现的威严和怒斥的神情，无声的谴责要比声嘶力竭的抗议更有力；深沉的悲痛不是泪流满面地号啕大哭，而是用理智把握感情，化悲痛为力量；深沉的快乐无须狂欢乱跳，而应当充满激情。

人们不仅要注意自己的举止风度美，而且更应该从理想、情操、思想学识和素质上努力完善自己，培养自己，使外在举止风度美的绚丽之花开在内在精神美的沃土之上。良好的举止风度可以为支柱型员工加分，提升自己在企业中的影响力。信赖感赢得人心，企业实际上就是一个小的交际场合。支柱型员工既要和同事们保持亲密，也要学会在某些时候赢得同事的尊重。

在企业中如鱼得水的人，往往是令人感觉值得信赖的人。因此，赢得别人的信赖是增强社交能力的有效途径。那么，在较短的时间内怎样才能赢得别人的信赖呢？这是支柱型员工经常要考虑的问题。

1. 主动热情

主动、积极地与人交往，能在交往中汲取营养，增长见识，培养友谊。在交往中要热情，充满青春的气息，具有强烈的进取心。不能未老先衰，委靡不振。富于感染力，使周围的人能够从你身上得到启发和鼓励，创造容易交流思想、情感的环境，要使人们因为有了你的存在而兴奋、活跃。把欢乐带给朋友们。但热情也应有度，过分热情，则容易让人感觉虚情假意。

同时，还要具有强烈的自信心，特别是男性，在女性眼中，只有有自信心的男士才会让女性觉得有力量感，产生靠得住的感觉。如果没有自信心，让人觉得此人干什么都不会成功，不但产生不了信赖的心理，相反，还会从心里瞧不起你，认为你是一个无足轻重之人。

2. 正直善良

社交中善于区分真、善、美与假、丑、恶，敢于主持正义，向邪恶势力和不义行为进行斗争。只有这样，人的形象才能鲜明。正直善良的人应当有原则性。遇事分清主次轻重，该妥协的妥协，该退让的退让，该坚持的坚持。不能拘泥小节，计较细枝末节，而要深明事理，识大体，顾大局。只有正直善良之人才能表现出如下几点品质：

谦虚。谦虚是受人欢迎的良好品质。不要因为自己比他人能力强而自傲，谦虚会使你赢得更多的朋友。

善思考。待人接物要动脑筋，善于思考问题。遇事要有自己的看法，但不要把不成熟的看法胡乱讲出来，这样会使人觉得你幼稚、缺乏经验。诚恳。诚恳能使你得到朋友的信任，赢得别人对你的尊敬。

而这三点品质是赢得别人信赖的魅力，很容易让人引为至交。

3. 善解人意

如果你想成为一个值得信赖的人，乐于与你长期交往，那么，你就要善解人意，时时刻刻都能从对方的言语、眼神、表情、手势的微妙变化中去体察他（她）内心的微妙变化，并恰如其分地安慰、关心、体贴，让对方感觉到一股暖流从心头流过，这样，对方才视你为值得信赖之人。善解人意起码要做到三点：

一是善于理解。同人打交道，要善于理解别人。理解别人的情感、行为、需要和痛苦。理解是对朋友最大的帮助和支持。

二是需要宽容。允许别人和你的看法不一致。别人侵犯了你的利益，若无碍大局，要适当地原谅他。要容忍别人与你有不同的生活方式，有与你不同的处世哲学。但是宽容不是纵容，要有原则和主见。

三是懂得默契。默契会使你在交往中感到被理解的快乐，感到温暖和力量。友谊与爱情会在默契的交往中扎根，默契的合作又会在友谊与爱情的浇灌中达到新的境界。

4. 自然坦率

人家要信赖你，自然对你要有一个大概的把握，如果对你的性格特点，为人处世连皮毛都摸不着的话，信赖根本无从谈起。因此，要让别人产生信赖感，切忌矫揉造作，刻意粉饰自己。对别人也不必曲意逢迎，虚与敷衍。坦诚相见，展现真实的自我，让人感觉真实可信。女孩子自然流露出的腼腆娇羞、天然纯情，比忸怩作态让人感觉亲切可爱得多，妩媚动人得多。男孩子自然表现的幼稚、信心、冲劲，比故作深沉让人觉得可靠、轻松。自然坦率的心境和举止，实际上是最大限度地表现自己的才能和潜力。

5. 守信重诺

讲究信用是一种可敬可亲的美德。不仅人们往往以讲究信用表达对他人的尊敬，而且在市场经济社会，信用往往是维持社会正常秩序的基础，在经济领域中，信用是靠契约、法律来制约的。在为人处世方面，信用也会受到道德的规范。

然而，很多人对此不大介意，认为小事一桩。比如当某人约会迟到了，让别等他，这是一种无礼行为，除了严重的事故或者突然生病外，一般绝对不应该找其他借口来为自己的迟到开脱，倘若确实是意想不到的事情发生了，像飞行被取消、汽车被偷、桥断了等类似情况，最好先打电话告诉对方，你要迟到了。守信用，是赢得别人信赖的重要因素。

6. 乐于助人

关心、支持和帮助别人，是一种美好的品质。热心助人，能使你与别人和谐相处。和朋友、同事相处，谁都需要得到他人的帮助。有的人既想要朋友，又不想承担一定的责任和义务，这些人是难以得到别人的信赖的。纽约市的一位领导斯特拉·沃尔夫拥有众多的朋友，为什么呢？因为她无论何时发现朋友遇到了困难，都会全力以赴去帮助。一位朋友被解雇了，她就在自己的代理处给安排一份工作。当未婚的朋友抱怨生活孤寂时，她就为其牵线搭桥。为了朋友，她放弃了许多自己喜欢的事情，得到的只不过是一束鲜花或一封感谢信。然而，她却感到十分快乐和幸福。

帮助人决不能勉强，这样会使你的朋友、同事感到不自在，因为求人者总有一种不安的心理，见到你为难的、不情愿但又勉强为之的神态，他会后悔向你表明真相。这样，使你劳而无功，还不如尽早爽快一些。

帮助人不可带附加条件，以免令对方伤心和失望，过于强调条件，会在无形中失掉许多朋友。对方会因畏惧你的“条件”而不敢接受你的帮助。失掉人心、失掉朋友才是最大的损失。

NO.6 同事/ colleagues：同事之间的那点事

即使你不加班，一天也有8小时和一帮同事在一起，随之问题便产生了：与家人是亲情，与朋友是友情，与恋人是爱情，但与同事之间的关系却十分复杂。同事之间的那点小事儿常常会成为你行走职场的绊脚石，只有扫除那些小障碍，办公室里的气氛才能融洽。

别紧张，同事也可以变成朋友

工作了，总抽不出太多的时间去交友，于是老是担心自己的知心朋友将会越来越少。其实这种担心根本是没有必要的，因为与你同在一个单位，或者就在一个办公室的同事，其实就是你最好的交友对象，你完全可以用心地投入，把与同事间的关系搞好，争取让同事都能成为自己的知心朋友。

不过在你想让同事成为你的知心朋友之前，你是否扪心自问一下，你自己是否已经成为同事的知心朋友了吗？如果你想让自己成为同事的知心朋友，请必须做好下面的事项：

要学会安慰和鼓励同事

俗话说危难显真情。如果同事自己或者家中遇到什么不幸，工作情绪非常低落时，往往最需要别人的安慰和鼓励，也只有在此时同事才会对帮助他的人感激不尽。这时，你应该学会安慰和鼓励同事，让同事把心中的烦恼和痛苦诉说出来，帮助同事解决困难，分减痛苦。同事一旦把心中不顺心的事情说出来，痛苦郁闷的感觉就会逐渐消失了，而你此时每一句话对同事来说不啻于是一种甜蜜。

遇事勤于向同事求援

有许多人遇到自己不能解决的困难时，总是难于向别人启齿，或者不希望给别人带来麻烦，这是不对的。因为一方面你不向别人求援，别人就不知道你的困难，那么你就失去了一个解决困难的机会；另外一方面你不向别人求援，别人就会误认为你是一个怕麻烦的人，以后别人一旦有事自然就不会和你倾吐衷肠了。因此大家日后在遇到困难时，应该勤于向同事求援，这样反而能表明你对同事的信赖，从而能进一步融洽与同事的关系，加深与同事的感情。良好的人际关系是以互相帮助为前提的。因此，求助于他人，在一般情况下是可以的。当然，要讲究分寸，尽量不要使人家为难。

要学会成人之美

真心对待同事也体现在褒和贬上。例如，在单位举行的总结会上，你应该学会恰如其分地夸奖同事的特长和优点，在群众中树立他的威信；如果发现同事的缺点或者有什么不对的地方，应该在与他单独相处时，实事求是地指出他存在的不足和缺点，并帮助他一起来完善自己。

不能得理不饶人

如果你是一位嘴巴不肯饶人的人，那么你在与同事交谈时，一定要学会克制自己，不能总想在嘴巴上占尽同事的便宜，否则时间长了，同事就会逐渐疏远你。例如，有些人喜欢说别人的笑话，占人家的便宜，虽是玩笑，也绝不肯以自己吃亏而告终；有些人喜欢争辩，有理要争理，没理也要争三分；有些人不论国家大事，还是日常生活小事，一见对方有破绽，就死死抓住不放，非要让对方败下阵来不可；有些人对本来就争不清的问题，也想要争个水落石出；有些人常常主动出击，人家不说他，他总是先说人家。

有什么大事及时报告给大家

与别人相处最忌讳的就是私心太重，一个人如果时时刻刻只关心自己，对他人的事情不闻不问，那么这个人肯定是不会受大家欢迎的。例如，单位里发物品、领奖金等，你先知道了，或者已经领了，一声不响地坐在那里，像没事似的，从不向大家通报一下，有些东西可以代领的，也从不帮人领一下。这样几次下来，别人自然会有想法，觉得你太不合群，缺乏共同意识和协作精神。以后他们有事先知道了，或有东西先领了，也就有可能不告诉你。如此下去，彼此的关系就不会和谐了。因此，你一定记住，把自己融入到集体中，把集体的事情当做自己的事情。

不能搞小团体

同办公室有好几个人，你应该学会对每一个人都要尽量去保持一种平衡，尽量和同事们始终处于一种不即不离的状态，也就是说，不要对其中某一个特别亲近或特别疏远。在平时，不要老是和同一个人说悄悄话，进进出出也不要总是和一个人一块。否则，你们两个也许亲近了，但疏远的可能更多。有些人还以为你们在搞小团体。如果你经常在和同一个人咬耳朵，别人进来又不说了，那么别人不免会产生你们在说人家坏话的想法。

外出要与同事打招呼

你有事要外出一会儿，或者请假不上班，虽然批准请假的是领导，但你最好要同办公室里的同事说一声。即使你临时出去半小时，也要与同事打个招呼。这样，倘若领导或熟人来找，也可以让同事有个交代。如果你什么也不愿说，进进出出神秘兮兮的，有时正好有要紧的事，人家就没法说了，有时也会懒得说，受到影响的恐怕还是自己。互相告知，既是共同工作的需要，也是联络感情的需要，它表明双方互有的尊重与信任。

不能明知而推说不知

同事出差去了，或者临时出去一会儿，这时正好有人来找他，或者正好来电话找他，如果同事走的时候没有告诉你，但你如果知道，你就不妨告诉他们；如果你确实不知，那不妨问问别人，然后再告诉对方，以显示自己的热情。明明知道，而你却直通通地说不知道，一旦被人知晓，那彼此的关系就势必会受到影响。外人找同事，不管情况怎样，你都要真诚和热情，这样，即使没有起实际作用，外人也会觉得你们的同事关系很好。

可以和同事交流生活中的一些私事

有些私事是不能够说的，但有些私事拿出来说说也没有什么坏处。

比如你的男朋友或女朋友的工作单位、学历、年龄及性格脾气等；如果你结了婚，有了孩子，就可以谈一谈关于爱人和孩子方面的话题。在工作之余，都可以顺便聊聊，它可以增进了解，加深感情。倘若对这些内容都保密，从来不肯与别人说，这怎么能算同事呢？无话不说，通常表明感情之深；有话不说，自然表明人际距离的疏远。你主动跟别人说些私事，别人也会向你说，有时还可以互相帮帮忙。你什么也不说，什么也不让人知道，人家怎么信任你。信任是建立在相互了解的基础之上的。

不能冷淡同事的热情

同事带点水果、瓜子、糖之类的零食到办公室，休息时分与大家吃，你就不要推，不要因为难为情而一概拒绝。有时，同事中有人获了奖或评上了职称什么的，大家高兴，要他买点东西请客，这也是很正常的。对此，你可以积极参与。你不要冷冷坐在旁边一声不吭，更不要人家给你，你却一口回绝，表现出一副不屑为伍或不稀罕的神态。人家热情分送，你却每每冷拒，时间一长，人家有理由说你清高和傲慢，觉得你难以相处。

不要刨根究底

刚刚走上工作岗位的人，对什么都感到新鲜，因而乐于刨根究底，这固然是一种好的品质，问题是不分场合、对象和环境，毫无选择、毫无顾忌地东扯西拉、疑问连篇就难免让人讨厌了。因此，你在与同事交谈时，不要去询问他人的私生活，能说的人家自己会说，不能说的就别去挖它。每个人都有自己的秘密。有时，人家不留意把心中的秘密说漏了嘴，对此，你不要去探听，不要想问个究竟。有些人热衷于探听，事事都想了解得明明白白，根根梢梢都想弄清楚，这种人是要被别人看轻的。你喜欢探听，即使什么目的也没有，人家也会忌你三分。从某种意义上说，爱探听人家私事，是一种不道德的行为。

千万不能出口伤害同事

与同事整天在一起工作，难免会发生一些不愉快的事情。如果因此而与同事争吵时，千万不能随意出口伤害同事。因为如果你激昂慷慨，说出许多令人心寒的话，同事会发出辛辣的反应，从而会对你产生一种仇恨的心理。

变通一下，和同事相处会更加愉悦

同事是与自己一起工作的人，与同事相处得如何，直接关系到自己的工作、事业的进步与发展。如果同事之间关系融洽、和谐，人们就会感到心情愉快，有利于工作的顺利进行，从而促进事业的发展；反之，同事关系紧张，相互拆台，经常发生摩擦，就会影响正常的工作和生活，阻碍事业的正常发展。所以处理好同事关系，注意和同事相处时的一些礼仪和禁忌就显得非常必要了。

1. 尽量保持微笑

微笑是自信的象征。几乎所有的大公司在选择员工的时候首先看的是员工是否自信，自信的员工让老板感到放心；常常微笑的人让人觉得具有良好的教养；同时微笑还是健康的表露。

2. 尊重同事

相互尊重是处理好人际关系的基础，同事关系也不例外。同事关系不同于亲友关系，它不是以亲情为纽带的社会关系，亲友之间一时的失礼，可以用亲情来弥补，而同事之间的关系是以工作为纽带的，一旦失礼，创伤难以愈合。所以，处理好同事之间的关系，最重要的是尊重对方。

3. 物质上的往来应一清二楚

同事之间可能有相互借钱、借物或馈赠礼品等物质上的往来，但切忌马虎，每一项都应记得清楚明白，即使是小的款项，也应记在备忘录上，以提醒自己及时归还，以免遗忘，引起误会。向同事借钱、借物，应主动给对方打张借条，以增进同事对自己的信任。有时，出借者也可主动要求借入者打借条，这也并不过分，借入者应予以理解。如果所借钱物不能及时归还，应每隔一段时间向对方说明一下情况。在物质方面无论是有意或者无意地占对方的便宜，都会在对方的心理上引起不快，从而损害自己在对方心目中的形象。

4. 对同事的困难表示关心

同事的困难，通常首先会选择亲友帮助，但作为同事，应主动问询。对力所能及的事应尽力帮忙，这样，会增进双方之间的感情，使关系更加融洽。

5. 不在背后议论同事的隐私

每个人都有“隐私”，隐私与个人的名誉密切相关，背后议论他人的隐私，会损害他人的名誉，引起双方关系的紧张甚至恶化，因而是一种不光彩的、有害的行为。

6. 同事间发生误会，应主动道歉说明

同事之间经常相处，产生误解在所难免。如果出现自己对同事的误解，应主动向对方道歉，征得对方的谅解；对双方的误会应主动向对方说明，不可小肚鸡肠，耿耿于怀。

总之，同事相处，应有礼有节，真诚相待，做到互敬、互信、互助、互让，真正做到团结和谐，携手共进。

言谈，时时处处有技巧

一个会说话的员工，要远比那些只知道埋头苦干、钻研业务的员工有更多的晋升和加薪的机会，自然也更能得到老板的赏识和器重。懂得在关键时刻说适当的话，也是成功与否的决定性因素。卓越的说话技巧，不仅能让你的工作生涯加倍轻松，更能让你名利双收。

请牢记下九个可以套用的句子，并在适当时刻加以运用，那么加薪与升职就离你不远了。

（1）传达坏消息：我们似乎碰到一些状况，可能……

你刚刚才得知，一项非常重要的业务出了问题。如果立刻冲到老板的办公室里报告这个坏消息，就算不干你的事，也只会让老板质疑你处理危机的能力，弄不好还惹来一顿骂，把气出在你头上。此时，你应该以不带情绪起伏的声调，从容不迫地说出本句型，千万别慌慌张张，也别使用“问题”或“麻烦”这一类的字眼。要让老板觉得事情并非无法解决，而“我们”听起来像是你将与老板站在同一阵线，并肩作战。

（2）老板交代任务时：我马上就去处理……

老板交代后，你能冷静、迅速地作出这样的回答，会令老板直觉地认为你是有效率、听话的好部属；相反，犹豫不决的态度只会惹得责任本就繁重的老板不快。

（3）表现团结：他的主意真不错……

别人想出了一条连老板都赞赏的绝妙好计，你恨不得你的脑筋动得比人家快。与其拉长脸孔，暗自不爽，不如偷沾他的光。在这个人人都想争着出头的社会里，一个不妒忌同事的部属，会让老板觉得此人本性纯良、富有团队精神，因而另眼看待。

（4）说服同事帮忙：这个报告没有您不行啦……

遇到棘手的工作，你可能无法独力完成，需要找人帮忙。于是你找上了那个对这方面工作最拿手的同事。如何开口才能让人家心甘情愿地助你一臂之力呢？送高帽并保证他日必定回报。而那位好心人为了不负自己在这方面的名声，通常会答应你的请求。

（5）巧妙闪避掩盖自己不知道的情况：让我再认真地想一想，三点以前给您答复好吗……

老板问了你某个与业务有关的问题，而你不知该如何作答，千万不可以说“不知道”。本句型不仅暂时为你解围，也让老板认为你在这件事情上很用心，一时之间竟不知该如何启齿。不过，事后可得做足功课，按时交出你的答复。

（6）学会拒绝无礼相加的工作：我了解这件事很重要。我们能不能先查一查手头上的工作，把最重要的排出个优先顺序……

强调你明白这项任务的重要性，然后请求老板的指示，为新任务与原有工作排出优先顺序，不着痕迹地让老板知道你的工作量其实很重，若非你不可的话，有些事就得延后处理或转交他人。

（7）无形的示好：我很想听听您对××的看法……

许多时候，你与高层要人共处一室，而你不得不说点话以避免冷清尴尬的局面。不过，这也是一个让你能够赢得高层青睐的绝佳时机。但说些什么好呢？每天的例行公事，绝不适合在这个时候被搬出来讲；谈天气嘛，又根本不会让高层对你留下印象。此时，最恰当的莫过于一个跟公司前景有关，而又发人深省的话题。问一个大老板关心又熟知的问题，当他滔滔不绝地诉说心得的时候，你不仅获益良多，也会让他对你的求知上进之心刮目相看。

（8）承认疏失但不引起老板不满：是我一时失察，不过幸好……

出错在所难免，但是你陈述过失的方式，却能影响老板对你的看法。勇于承认自己的疏失非常重要，因为推卸责任只会让你看起来就像个讨人厌、软弱无能、不堪重用的人。不过这不表示你就得因此对每个人道歉，诀窍在于别让所有的矛头都指到自己身上，坦诚的同时淡化你的过失，转移众人的焦点。

（9）面对批评：谢谢您告诉我，我会仔细考虑你的建议……

自己苦心的成果却遭人修改或批评，的确是一件令人苦恼的事。不需要将不满的情绪写在脸上，但是却应该让批评你工作成果的人知道，你已接收到他传递的信息。不卑不亢的表现令你看起来更有自信、更值得人敬重，让人知道你并非一个刚愎自用或是经不起挫折的人。

当然，这九句话自然不能包打天下，关于在公司中如何言谈以得老板的欣赏，在后面的章节还有更为具体详细的阐述。在这里，我只是希望你能通过这些巧言妙语，总结出一些在职场与人交流对话的心得。这样，在继续往下看的时候，可能你的体会会更加深刻。

同事之间存在竞争的利害关系

在一些合资公司，特别是外资公司里，追求工作成绩，希望赢得上司的好感，获得升迁，以及其他种种利害冲突，使得同事间天然地存在着一种竞争关系。而这种竞争在很大程度上不是一种单纯的真刀实枪的实力较量，而是掺杂了个人感情、好恶、与上司关系等复杂因素。表面上大家同心同德，平平安安，和和气气，内心里却可能各打各的算盘。利害关系导致同事之间也可能同舟共济，也可能各自想自己的心事，因此关系免不了紧张。

在竞争愈演愈烈的社会中，同事之间，不可避免地会出现或明或暗的竞争。表面上可能处得很好，实际情况却不是这样，有的人想让对方工作出错，自己有机可乘，得到上司的特别赏识。

美国斯坦福大学心理系教授罗亚博士认为，人人生来平等，每个人都有足够的条件成为主管，平步青云，但必须要懂得一些待人处事的技巧，以下是教授的建议：

无论你多么能干，要有自信，也应避免孤芳自赏，更不要让自己成为一孤岛。在同事中，你需要找一两位知心朋友，平时大家有个商量，互通声气。

想成为众人之首，获得别人的敬重，你要小心保持自己的形象，不管遇到什么问题，无须惊慌失措，凡事都有解决的办法，你要学习处变不惊，从容对付一切难题。

你发觉同事中有人总是跟你唱反调，势必为此耿耿于怀。这可能是“人微言轻”的关系，对方以“老资格”自居，认为你年轻而工作经验不足。你应该想办法获得公司一些前辈的支持，让人对你不敢小视。

若要得到上司的赏识与信任，首先你要对自己有信心，自我欣赏，不要随便对自己说一个“不”字，尽管你缺乏工作经验，也无须感到沮丧，只要你下定决心把事情做好，必有出色的表现。

凡事尽力而为，也要量力而行，尤其是在你身处的环境中，不少同事对你虎视眈眈，随时准备指出你的错误，你需要提高警觉，按部就班把工作完成，创意配合实际行动，是每一位成功主管必备的条件。

利用午饭时间与其他同事多沟通，增进感情，消除彼此之间的隔膜，有助于你的事业发展。

多个心眼，跟同事偷师

在公司里，要想做事少碰钉子、减少失误，最聪明的办法就是多参考同事的意见，因为这些意见，常常是他们付出代价换来的经验之谈。向同事学招，看看他们遇到难以解决的问题时，是怎样化险为夷、拨云见日的。这样还可以帮你提高自身的能力，何乐而不为呢?

你可以找一找同事的优点，然后对他说：我要拜你为师，请多多指教。如果你这样去做了，你会发现，同事并不像你以前所认为的那样“面目可憎”。因为人的心里都觉得有人求教于己，是看得起自己的表现，自尊心会得到很大的满足。

在公司市场营销部工作的小文很烦躁，因为公司连着四个月的业绩评比表中，小文都在小华之下，屈居第二，他很不服气。他以为自己工夫下得不比小华少，资历也比她老，怎么可能落在她后面呢？小华这个进公司不到三年的小妮子，所掌握的客户资源竟然是他这个元老的1.5倍。小文心里很不服气，但冷静下来一想，人家肯定有超过自己的地方，自己与其使气，不如虚心求教。

有一天，他特意邀请小华健身，并诚恳地请教一些问题。小华说了一些自己做营销的心得：“其实也没什么，只不过是我看书多、上网多、领悟快，进步大一些罢了。做营销，发展新客户是一条路，而盘活老客户更重要。如果老客户感觉到你的诚信和友善、你的信誉和热情，他可能就会把他的亲朋好友介绍给你，成为你的新客户。我特别准备了一个笔记本，记录客户的特殊情况，好在细微处做文章，比如出差时顺便看望客户刚刚考入该地大学的孩子，或者在特殊的日子里，替当日有重要会议的人送一束鲜花给他的家人……我不觉得这是工作以外的

琐事，相反，干这些工作就要有“工夫在诗外”的精神。我为每位老客户都设立了生日档案，他们过生日，我会亲自做一张精致的贺卡，并配上小礼物邮寄给他们，很多客户收到时都深受感动，特地打电话表示感谢……”

小文听了这些，恍然大悟，原来如此。在以后的工作中，他也用起了这几招，果然业绩迅速攀升，与小华旗鼓相当了。而且，他和小华的关系也更加密切，成为很好的朋友。

这就是求教于人的好处，不但能让你在工作的迷途中找到方向，更快地前进，还能改善与同事的人际关系，工作起来更加舒心快乐。

“偷师”并没有什么见不得人的。社会分工越精细，各部门之间也就越要讲求谐调共进。要想做到谐调，就需要熟悉各部门的运作情况。比方说有一位编辑朋友，他不仅能抓到一流的好稿，而且校对功夫也很了得，成为行业中的精英。他有什么秘诀吗？原来他在平时工作中不摆编辑架子，不耻下问，终于感动了一位有二十年校龄的老校对，于是给他传授了不少校对经验；同时他还在与美术部门打交道时懂得了书籍装帧方面的一些窍门，并且也非常注意装帧方面的书籍及动态，后来居然也成了半个行家；在与财务部门打交道时，他也很留意书刊的经济核算与成本核算，因此他对自己策划的每本书盈亏状况都心中有数。他说，这些只需要平时留点心就行了。

多涉及一些领域，像那位编辑一样，会体会到工作中充满挑战和新鲜感，而这种挑战意识和新鲜感又会提高你的工作效率。

小玲是个非常善于学习的人。她说，自己这些年没有离开公司，没有离开人力资源部门，主要原因在于她总觉得有新的东西要学。而这些新东西大多是从同事那里“偷”学来的。比如，同样做人力资源管理工作，大家分管的事情不一样，工作中所用的方法和知识也有区别。偶尔，她会站在旁边看同事工作，就这么一看，同事的本领就被她给“偷”走了。“偷”了后，她就迅速用到自己的工作中去，把学到的东西变成了她自己的本事。

有这种“偷”别人本领的方法，无论是和哪个部门的人合作，她总能学到很多有用的知识和技能。“这比从书本上学更有用、更直接，所以我坚持跟别人、跟同事学”。有时不告诉同事，悄悄地在他身边偷学他的工作方法，也受益匪浅。

还有的人是打入公司内部的“间谍”，或者说是专门来“偷师”的。

杨老板曾经从事过经营和企业管理，干家政服务这行也有五六年光景。因为能吃苦，善学习，几年来公司已从起步时的十几人，发展成拥有近300名员工的公司。但因缺少企业形象定位，杨老板越来越为公司下一步的发展方向感到困惑，于是他萌发了当广告业务员的想法。

有一家广告公司招聘广告业务员，他自称失业，有多年的销售工作经历。因为有良好的口才和人际交往能力，他在面试中轻易过关。

广告公司每天9点上班，他总会在8点先赶到自己的公司，就一些重要事宜与部门主管进行沟通，安排好一天的业务，然后再赶到广告公司上班。这种“双面人”的生活虽然辛苦，但他觉得值得。

杨老板踏实地做着广告业务员的工作，得到部门主管的肯定，但他的重心并不放在这里。一有闲暇，他就来到设计部“偷师”，学习设计软件、企业形象策划等，更重要的是学习人家独特的思维方式。

后来他对CIS系统（企业形象设计识别系统）等有了初步的了解，并用自己的实践所得，亲自参与公司的管理、营销、包装等策划。

自己不懂的东西，可以求教别人，多问多动脑，这是求知的很好的方法。

你有不懂的东西要请教别人，得讲求技巧。事先要掌握发问的技巧，才能取得最好的效果。

所谓礼多人不怪，有不明白的事情要请教别人时，只要谦恭有礼，态度诚恳，多半不会受白眼冷遇。但是仍有少数人对于有礼地询问，反应冷淡，因此讲究发问技巧是十分必要的。

学习发问的技巧，必须先学习如何听别人讲话。注意聆听别人讲话，同时反省自己说过的话，这时，你会发现，无论是在哪一种场合的对话里，当你开口说话的时候多，听别人说话的时候少，你就学不到别人说话的技巧了。

别让办公室里硝烟蔓延

在每个人的一生中，因为求学和工作的关系，总会碰上各种形形色色的人。有时我们与这些人相处愉快，有时却是话不投机，甚至还会遇上一些令人头痛又很难相处的家伙。不过无论你碰上什么类型的人，对付他们最重要的是策略，一个可以让你化解干戈，避免冲突的方法。

说办公室里简单，不过是一种大家都能接受的表面化，公式化的办公模式。说它复杂，它也确实不那么容易：首先，你要保证工作不出或少出差错，为了能取得更大成就，平日里还要付出很多努力；其次，你要应对和照顾与同事的关系，等等。而拥有一个和谐愉快的办公环境，是每个办公一族为之向往的，更是需要每个人共同努力才能实现的。要想在工作上有所成绩，达到自己理想的目标，办公室的人际关系就可谓是不容忽视的大问题。

在我们的工作环境里，建立良好的人际关系，得到大家的尊重，无疑对自己的生存和发展有着极大的帮助，而且有一个愉快的工作氛围，可以使我们忘记工作的单调和疲倦，也使我们对生活能有一个美好的心态。遗憾的是，我们常常听到不少人对怎样处理好办公室里的人际关系感到棘手，抱怨甚多。其实，只要我们为人正直，用心并努力，做个受人喜爱的同事并不是很难的事。

在办公室里你有没有小小的恶习呢？这些恶习会使你成为“办公室讨厌虫”，没有人愿意成为毫无人缘的“办公室讨厌虫”。以下有一面镜子，请对照看看自己是否无意之中犯了“禁”。有则改之，无则加勉吧。（参考以下归纳出的现代办公室恶习排行榜）

①偷懒 、迟到、情绪化偶尔偷懒是人之常情，紧张的工作总要适度

放松，通常如果不是很离谱，主管多是睁只眼闭只眼也就罢了。但是偷懒上了瘾可就不是件好事了，可能如果主管早已对你有了戒心，你就很难翻身了，没有处置你已算幸运，升职加薪就免提了。即使没有这些，让同事记在心里，也会不平衡的。

习惯性迟到，却丝毫不以为然。不管上班或开会，老是让同事苦等你一人。也许你认为小小迟到一下，没什么好大惊小怪。但经常性的迟到，不仅是上司，可能连同事都得罪了而不自知。

人难免有情绪，但是老是把情绪和工作搅和在一起，老是用“最近情绪低潮……”、“失恋了……”、“和家人冷战……”当做借口，主管是会反感的。要是情绪管理的本领太差了，看看“心灵小品”类的书籍或许有点帮助。

拯救方案：

你可能有各种各样的原因，若是身体或情绪上的请参考第二章克服工作倦怠。总之，你应该采取积极态度，把自己调整到最佳状态，并学会控制自己的情绪，如此你才能让别人喜欢你，获得好的人际关系，自己也过得愉快。

②散布小道消息者：

在办公室偶尔开一些小打小闹的玩笑本来无伤大雅，但一定要警惕它们发展成为令人望而生畏的闲话乃至伤人的谣言。“我的一位同事有事没事就爱到我面前大谈特谈头头的‘性丑闻’。你想，那么敏感的场所，那么敏感的话题，真叫我不知如何是好。”一位读者曾在电话里告诉我，“她的消息来源是否可靠先不说，她从来就不在乎我对她那一箩筐的内幕秘闻感不感兴趣！”

如果你热衷于传播一些“小道消息”，你千万不要指望别人同样热衷于倾听。那些道不同不相与谋的同事会对你避之唯恐不及。即使你凭借各种小道消息，一时成为“红人”，但对一个口无遮拦的饶舌者，永远没有人会待以真心。

同时也千万不要热衷于打探其他消息：某某要升职，某某要“挨批”。你可知道，即使你没有任何恶意，一个看上去“消息太灵通”的人，让人觉得或多或少有些神秘莫测。

拯救方案：

学会守口如瓶——尤其是在一些与同事私生活有关的话题上。记住，滴水可以穿石。关键时刻你必定会意识到同事们的信任是多么宝贵。

③不负责：

把“都是你的错”挂在嘴上，千错万错就是没有我的错。其实每个人都会犯错，主管应该也能容忍体谅下属犯错，重要的是能否由错误中归纳出对的方法，下次不再重蹈覆辙。

拯救方案：

无论犯了什么样的错，通常只要勇于承认，愿意负责，都能博得大家的谅解甚至尊敬。诚然，谦逊地说出“我真笨，太不小心了”之类的言辞无疑能打破僵局，赢得和解，但也不能遇事不分对错一律把责任揽上身，这怎么也算不上一个聪明的白领。认错、认傻的话说多了，人们会逐渐相信你真是如此糟糕的一个人。有时候没必要代人受过。

④牢骚满腹者：

有一些在办公室里牢骚满腹、怒气冲天的人，绵绵不休的抱怨会让身边的人苦不堪言——你把自己的苦闷克隆了一份，在无意识中把自己的痛苦强加给了无辜者。“和我同一部门的一名项目经理只要一出现在办公室里，我们就得和他一起承受牢骚，明明是些和自己无关的事情，可在他持续不断地轰炸之下，我们不得不想尽办法摆脱他极具传染力的消极情绪。”一位姓戴的小姐说。也许你把诉苦看做开诚布公的一种方式，但诉苦到一定程度便会变成愤怒。人们会奇怪既然你对现状如此不满，为何不干脆换个环境远走高飞。

拯救方案：

不管你心中如何恨比天高，你也须牢记一句箴言：沉默是金。如果你已经给人造成了“办公室讨厌虫”的印象，不管你说些什么都很难得到同事们的任何回应。今后如果再有满腹的牢骚等待发泄，不妨试着把所有不快诉诸文字，写一篇文章或日记，也可以以E—mail形式发给一位并无工作关系的亲朋好友或网友，他（她）会替你分忧。这样做最大的好处是，你满腔的怨恨和怒气已在不知不觉中以最低调的方式得到了发泄。

⑤攀龙附凤者：

此类人不太注意与下级甚至同级同事的交往，却时时在捕捉任何一个对自己“有利”的机会。人往高处走，这是一种普通心态，但倘若做得太过火，恐怕就不太妙了。

拯救方案：

应该对所有同事一视同仁——包括那些从底层干起的办公室新人。对他们报以真诚的尊重和欣赏。

⑥搔首弄姿者：

我们的周围不乏这样的人，她们自恃小有姿色，会不失时机地在男同事面前施展“女性魅力”，甚至不惜成为同事们的笑料。

我曾听一位朋友讲过她以前的同事的故事，这是个特别喜欢用若隐若现的薄透露的衣服吸引男同事的女人，可她根本不知道办公室里男男女女都把她当笑柄。所以说，这样做只能弄巧成拙。

拯救方案：

女性魅力是一个人综合素质的体现，一个工作出色、端庄大方的女性同样可以赢得大家的青睐，大可不必力求以倾倒众生的“美人”形象出现——这样往往给人的印象是东施效颦。

况且在一般情况下，同事们会断定一个依靠姿色取悦他人的人一定缺乏实际工作能力，而这种看法绝对会成为一个人事业发展的绊脚石。

⑦过分积极：

你可能会很不解：积极难道也是一种错？这倒也未必。积极基本上是值得鼓励的，除非太过火以至于激起公愤。譬如：看到同事聚在一块，非得凑过去生怕漏掉什么重要消息、明明没你的事却老想插手、喜欢发表长篇大论……诸如此类，对分内的事积极绝对值得赞赏，但若积极到过界，那可能招致人际关系恶化。

人际关系是你工作中极重要的一环，所以绝对要重视它。如果你想营造良好的办公室人际关系，上面几例“讨厌虫”形象可千万要留意别犯哟！

NO.7 提升/ ascension:
冲出“完美”的围城

企业与企业之间的竞争，拼的是企业实力；人与人实际上也在竞争，拼的是综合素质。人的综合素质也可以称为人的核心竞争力，就像剑术的高低决定着侠客的境界一样。一个人综合素质的高低决定着人与人之间人生质地的差异。职业人必须把持续提高自己的综合素质作为决战职场的终身必修课，冲出“完美”的围城，才能不断创造新的奇迹。

找到一个高起点，抬高自己身价

从底层做起，一步一步前进，看起来很务实，但是也可能会前途灰暗，不可预期，使自己丧失最初的希望和热情，迷失方向。

有一种人被称为"陷入固定模式者"，就是每天被一成不变的工作追赶着，马不停蹄，对自己的工作和生活方式习以为常，并且慢慢地被这种僵化的生活吞噬掉。而且人以类聚，物以群分，如果永远处在底层，与一些小人物为伍，很难学习到什么东西，而位居高位，则能给自己一个更高的理想。

因此，在职位上努力向上攀登十分重要，对长远发展也是意义深远的。只要你能登高一个职位，就有机会将周围模糊不清的东西看得更清晰。

跳槽之后，你在新的单位里翻开了自己人生中新的一页，与那些先到的同事们相比，毫无疑问你是处于零起点上。但是，这是不是就意味着你必须一切从头做起呢？如果这样的话，你以往的一切付出都等于白费，你的损失太大了。所以，你应该学会尽量把这个起点抬高，而你现在所拥有的资本是你过去的经验，不论你过去从事的工作与现在有什么不同，但就如何待人处世、把握自己等许多方面都可以总结出有价值的东西。

小陈毕业后，找了一份做助听器代理销售的工作。一开始，小陈就对这份工作感到不满足，不过他还是坚持做了两年时间。后来，他下定决心，一定要改变自己的现状。

为了摆脱现状，他暗下决心，一定要成为一名销售经理。后来在他的不懈努力下，目标终于实现了。

难得的是，这次成功使他获得了比公司里面其他销售人员高出一头，脱颖而出的机会。虽然只升了一级，但对他来说，这一级却非常的关键。

小陈取得了优异的销售业绩，引起了他所在公司的竞争对手——家经营助听器的公司经理老韩的注意。有一天，老韩请小陈吃饭，并说服了小陈跟自己干，因为他可以给小陈更高的职位——助听器销售部的销售经理。

为了考验小陈有多少实力，韩经理让他在天津工作三个月。对于小陈而言，一切又归回到“零”的状态，需要自己一个人重新开始，挑战一份新的工作。他非常努力，表现卓越。没过多久，小陈被擢升为副总经理。

若是普通人，要达到那么高的职位，即便是付出了所有努力，恐怕最少也要花费将近十年的时间。而小陈达到这个目标却只花了区区半年时间！

从这个例子中，我们不难看出，在职场中，如果能站到更高的起点上，会使你在竞争中处于更有利的位置，获得他人难以获得的机会，会上升得更快。然而现实中，很多人还是难以逃离从底层一步步攀升的宿命。要想在竞争中抢占先机，占据更有利“地形”，你需要有抬高自己身价的意识。这样才能在竞争对手中脱颖而出。

而身价的提升，最基本的方法是努力工作，增强实力，此外还有一个办法是“自抬身价”。

“自抬身价”似乎是对人的一种批评。但在竞争如此激烈的现代社会，“自抬身价”却可以成为一种有效的生存手段。因为他人也许没有时间来充分了解你，或者对你估量不足，如果你适度抬高一下自己，会对自己非常有利。

其实自抬身价的事很常见。有的影视明星增加片酬，有的歌星提高出场费，乃至于你的同事要求老板加薪等，这些都是自抬身价的行为。

当然，其中有的人确实名副其实，与他们的身价相当，但有的人则是自夸自大，没有那么高的价值。可是，抬高身价会给你带来巨大的好处。自抬身价，就等于给自己标了一个新的价格！

在现代社会，人就像商品一样，都有自己的身价。你如果给自己的标价太低，别人可能会瞧不起你，相反，标个高价，别人会认为你了不起。

一位刚刚毕业的年轻人，在一位经验丰富的朋友的指导下，精心制作了一份《个人完全推销手册》，仅面试一次就被一家大公司录用了，并且获得了超乎想象的高薪水。需要说明的是，年轻人并不是从底层一步步做起而获得了高薪的，而是一开始就获得了副经理的职位。

假设是从普通的一名公司员工一步步做起的话，得到副经理的职位要花费不下10年的时间，所以可以说，那本《个人完全推销手册》给这个年轻人节省了10年的时间。

一般来说，自抬身价分两种情况。一种是自身确有价值，而别人评价不足。第二种情况是，你有七分的才能，却出九分的身价。两种情况都可以自抬身价。

自抬身价要注意适度。自抬身价不要抬得明显超过你的能力，否则你抬得越高，摔得越惨。比如你是一个普通职员，在转职时，明明你的月工资是2000元，你却说成是8000元，比主管都高。别人会发现你是在吹牛，你就不会成功。可如果说你的薪水是3000元，别人觉得差不多，就容易相信你。

抬身价要参考行情。如果你的身价低于行情，会给人一种“次品大甩卖”的感觉，别人也会把你当成廉价品，不予重视。如果你的能力也够，可把身价抬得高出行情一点。若高出太多，除非你快速提高自己，否则别人迟早会看不起你。

自抬身价并不要你四处兜售，那样会给人吹嘘的感觉。但如果你能在适当的时候去抬，比如有人想“买”的时候，大家讨论到你的时候，问你的时候，就显得很自然，效果也很明显。

适当地自抬身价总比自贬身价好。而且，只要你自抬成功，你就会从中受益，你以后的身价只会上升，不会下降。

身价抬上去了，你就要想方设法努力使自己的能力也提高上去。所以，自抬身价可以成为你进步的动力。

快速成长的两个要点

人在成年之后，除了睡眠和娱乐之外，大部分的时间都在工作。如果不能在工作中找到乐趣，生活就显得艰涩乏味。调查发现，有百分之八十的人不喜欢自己的工作。不喜欢自己的工作，就很难有成功的事业。于是，不喜欢工作和得不到成功，演变成恶性循环，造成职业生涯上的困局。

喜欢自己的工作是发展出来的，不是天生的。也许你目前勉强为生计而工作，但经过规划和努力，就可以发展成自己喜欢的工作。

一位年轻人在公司里从事业务工作，但醉心于教育训练。他先与该部门的主管建立关系，设法让他了解自己的兴趣和长处。最后终于有机会转到教育训练部门，施展他的才干。许多年轻人，边工作边进修，步步为营，经过一段时间的努力，他们有了更多发展和晋升的机会。

工作必须认真，每经过一个职位，都该扎实学会其中真本事才行。所经历的工作，无论喜欢与否，都要切实学会它，在肯干、实干中学到真本领。这些本事将来都会用得到：本事越多，越能胜任未来的工作。因此，不能有一段时间敷衍塞责，那会失去成长的机会。

快速成长有两个要点：一是不要抱怨，二是不要埋怨。

不要抱怨加班。天天加班固然是错误的工作态度，但为需要而加班是不可避免的。要把作息时间安排好，并同意在必要时，心甘情愿加班，才能使工作变得更有意义。

如果对目前的工作不尽满意，那就培养一个新的专长，以便调节心情，让你支撑下去。第二专长越来越有心得，就能增进自信和自尊，维持积极的工作态度。或许有一天，第二专长结合或取代第一专长，发展出全新的工作和事业，那时你便会春风得意。

不要埋怨工作和上司，而要把负担和磨炼化作成长的资粮。老实的工作会带来更多学习和领悟，从而累积经验和智慧。总有一天，会获得丰硕的报偿。

想发挥工作潜能，并透过工作找到快乐吗？归纳以上得到几个重点：

你需要工作的方向和目标，朝着它不懈努力。

要认真地工作，从中学会真本事。

必要时应心甘情愿加班，并将它化作成长的资粮。

注意培养第二专长，有了它，你会增加信心和发展新工作的机会。

人若快乐地工作，就能过充实愉快的日子。反之，消极、抱怨和散漫的工作态度，会令人泄气和失望。把握上述要领，就能获得充实而快乐的职业生涯。

模仿上司是进步的捷径

人生下来就有模仿的天性，大人为了培养孩子的能力，让孩子“挤眉弄眼，抓耳挠腮”，他们在训练的时候，孩子怎么也做不来，于是，大人们就一遍又一遍地做给孩子看。几次之后，孩子便开始试着做。自己做了数十遍之后，也许就成了“挤眉弄眼，抓耳挠腮”的行家。

这也许是孩子人生的第一次模仿。其实，类似的这种模仿在人生的旅途还会出现很多次。比如刚刚上学的时候，老师教学写作文，就是从模仿做起。由此可知，模仿在人们的生活中是相当重要的活动，模仿是人们学习和获得技能的重要手段和途径。

有了一定工作经验的白领都不难发现，在职场生涯中，模仿上司是提高自己的不可替代的捷径。没有人会随随便便成功，上司之所以成为上司，一定有他的过人之处。如果一个人还不具备职业经理人所应该具备的眼光、经验和可掌控的知识，又怎么能作为灵魂去统领一个团队呢？古话说：师傅领进门，修行在个人。提升自己眼界的好办法之一就是去观察你的老板，欣赏你的老板，不遗余力地把老板压身的技艺偷学过来，好让自己在最短的时间内以最完美的姿态完成职场上的蜕变。

想成为领袖，高人一等的格局与视野是决定职场生涯的关键。但平衡全局的能力要怎么学？跟在老板身边学效果是最好的。

有一次小梁跟随老板去谈生意，因为计划要保密，因此双方都没有带随从在身边。四个人交谈了一整个晚上，彼此都开门见山地谈论，气氛非常融洽，相信所研究的合作能在不久的将来达成协议。

会议之后，小梁问老板的意见，老板说：“对方的两个头头人物，我觉得很可以相处合作。”

这句话说起来及听起来很简单，实际上并不如是。因为在初步接触中已能判定对方是否可以长期相处得来，以及是否能够携手合作，是相当重要的。

老板后来告诉她：有些人没有给自己留下这种良好印象的话，建议还是将合作的计划稍缓。什么是所谓真诚合作呢？那个“真”字就是真心之意。一旦有心理故障，对对方的好感有所折扣，就会产生甚多障碍性的副作用，使合作的成绩进度受阻，只会浪费彼此的时间与精神。小梁觉得很有道理。

跟随在上司或老板身边，最大利益就是能在每一个商业活动中收集信息与教训。如果不晓得把握这机会，就浪费了宝贵的机会。

还可以从老板那里学到许多良好的工作方法。这些是老板长年工作经验的结晶，却可以“得来全不费工夫”。

某大型企业新招进一批大学毕业生，全部安排到车间里实习锻炼。可是该企业的老板和员工们就意外地发现一个问题，刚招进车间的一个小青年，从衣着打扮以及说话时的神情语式，无不在刻意模仿老板。这还不算，在后来的几天里，小青年又夹起了与老板一模一样的文件包，戴上了与老板一模一样的眼镜……

企业内部的不少员工感到特别的奇怪，于是，开始有人指指点点、议论纷纷。老板再也沉不住气了，为了少见这个小青年几眼，一纸调令把他调入了供销科，心想，让这个怪怪的家伙全国各地跑去吧。

谁知，这个小青年不但模仿能力特强，而且有一种超人的业务水平和办事效率。在销售部里很快就出类拔萃、无人能比，不凡的业绩、高额的提成，让他如鱼得水，更加扬眉吐气、自视不凡。当同事们向他讨教无往而不胜的业务技巧时，他直言不讳地相告：自强自信加上这身让人瞧得起的行头。

尽管他对企业忠心耿耿、任劳任怨、成绩显著，老板的心里还是不平衡，甚至有一种说不上来的压力，觉着他无论如何不该模仿自己。半年之后，老板想把这个小青年支开的机会终于来了，该企业要在海南建立分支机构。于是，又是一纸调令，把他派往遥远的海南。

在派往海南的首批人员中，尽管有几位包括分管经理在内的中层领导，可是，前来机场欢迎的海南的有关负责人第一个握手的竟是那个小青年。就连先期到达的该企业的顶头上司——企业局的领导们，也没弄清这个小青年的真实身份，在招待宴会上，硬是拉他坐在显要的位置……

就这样，分支机构正式开张之时，这个一没背景二不是干部的小青年，就稳稳地坐上了这里的第二把交椅。半年之后，他成为海南分部的总管；一年之后，海南分部发展成为该企业的总部，他仍是这里的总管。

有不少例子，事业的成功、人生的辉煌就是从全身心地效仿成功者开始的。

增强不可替代性和可雇用性

不管学什么，你一定要学会一两种专长，让你的上司认为："这点我的确比不上他。"只要能做到这点，上司就有不得不用你的理由。专业特长可以提高你的"身价"。如果你所具有的特技对老板有所帮助，他一定会对你另眼相看。

香港有一位"打工皇帝"，年薪千万港币的高级白领上班族，他总结自己的成功秘诀在于："想办法让自己成为专业人士，而且要不断地加强它，让自己变得无法取代，你就会变得很值钱。"

他说："现代的社会是知识经济的时代，已经不止360行，而是360万行，社会经济分工越细，做一个全才就越不可能，而且被取代的机会就越大，只有成为一个专业人士，才是增强自己优势与卖点的不二法则。"

比如，要制作出一套办公家具，从原料式样的剪裁，到组装设计，需要一套非常繁复的流程。有一位在深圳专门制作办公椅滑轮的台商，只专心做整个流程的一个环节，而且做到了品质最好、成本最低的专业水准，结果成了全世界的坐椅滑轮大王，全球市场占有率达到七成以上。

这个例子告诉我们，每个人经营自己时，应该同样定位自己为一个专业的角色，并且在选定专业领域的一个环节中，努力做到最好、最杰出，这样就离成功不远了。因为专业人才是企业永远需要和依赖的。

职场人的学习渠道至少有三种，一种是"学习与工作分离"，一种是"在工作当中学习"，另外一种是"把学习放在工作中"。在微软，据统计，员工工作中的技能和知识，70%是在工作中学习获得的，20%是从经理、同事处学到的，剩下的10%是从专业的培训中获取而来的。

"在工作当中学习"和"把学习放在工作中"是两种最有效的学

习方式，它们能使承担某项业务的“门外汉”最迅速地转化成“合格者”，并最终成为一个很“专业的”人才。那些能在工作中发现自己的欠缺，并努力在工作中弥补自己所欠缺知识的人，可以从打工的经历中学到很多。

1923年福特公司有一台大型电机发生了故障，全公司所有工程师会诊两三个月没有结果，特邀请德国一位专家斯泰因梅茨来“诊断”。他在这台大型电机边搭帐篷，整整检查了两昼夜，仔细听电机发出的声音，反复进行着各种计算，最后踩着梯子上上下下测量了一番，最后就用粉笔在这台电机的某处画了一条线做记号。然后他对福特公司的经理说：“打开电机，把做记号地方的线圈减少16圈，故障就可排除。”

工程师们半信半疑地照办了，结果电机正常运转了。众人都很吃惊。

事后，斯泰因梅茨向福特公司要一万美元作为酬劳。有人嫉妒说：“画一根线要一万美元，这不是勒索吗？”斯泰因梅茨听了一笑，提笔在付款单上写道：“用粉笔画一条线，一美元；知道在哪里画线，九千九百九十九美元。”

这就是专家的水平。看上去，他个人的所得实在是太丰厚了，但如果仔细琢磨起来，这条线能够画得如此准确，凝聚了他多少心血。而且如果不是他画准了这条线，福特公司为排除这一故障不知还要花出比这多多少的价钱呢？

总之，你要尽量培养本领，将它积存起来。你不需要表面上的财富，可是你的内涵却非得十分富足不可。

在选择工作时，你要着重考虑的一点是，能否在工作中培养自己的一项专长。

小蔡和小姜是同时进某电脑公司的计算机系硕士毕业生，小蔡坚持不放弃电脑网络专业，当了一名网络开发工程师，小姜则应聘行政助理，放弃了计算机专业。在日新月异的计算机领域，小蔡跟上了发展的步伐，三年后当上了网络工程主管，而小姜却忙碌于无休无止的行政事务，彻底放弃了计算机技术。开始时小姜的收入要高于小蔡，可后来还不及小蔡的一半，当然在公司的地位和作用也不及小蔡。

在工作中，有时暂时的薪水不是最重要的，应该考虑的是更长远的方面，譬如培养一项很强的专业能力。在某一个领域，公司必须依赖你，那你还担心被公司炒掉吗？

我们在工作中可以能够培养各种能力：

人事：劳工法、福利法、教育、安全卫生、保安、消防、贷款、年金；

营业：营业能力、缓冲力、契约、支票、贷款回收；

资材、购买：素材、商品的选择，相关公司的降低成本、交货期管理、库存管理；

制造：机械、装置的操作和保养方式；

研究、开发：制品的开发和取得执照；

广告、宣传：市场调查、促销、POP、店头陈列、广告、消费心理；

通过各部门实务上的应用，可以学习到各种知识、技术、相关法规、管理技术等。

这些知识、技能、管理技术不只是在这家公司，如果到别家公司任职，也能够成为你的优越条件。

不论在哪个部门，不知不觉中都可以学习到企划力、协调能力、会议的进行方式，以及文书的记载方法、电脑等的使用方法等。如果调到国外工作，或是与国内和国外的公司有所接触，也能够培养自己的语言能力。

当然，如果能够在特定的部门实际演练这些能力和技术，吸收的范围会更广。

当你在某家公司具备了营业能力，尽管这营业能力只能够适用于自己的业界，不适用于其他业界和其他公司，而且因为处理的商品和流通机构的不同，虽然同属于相同的销售营业能力，实际上内容大异其趣，当然，不论何种商品，其流通路径和营业的基本都是一样的。这种基本实力，只能在“社会大学”中培养。

总之，我们通过工作可以学习到：各部门特有的实务能力；语言能力、企划能力等适用于一般场所的能力；以上司为首，建立人际关系的能力。

在工作中，你归根结底关心的是自己能得到什么。要学会考察上司，如果上司只注重自己的功名，而不考虑部下的将来或人性，就需要特别注意。而完全没有自己的想法，唯命是从的上司，也一样令人觉得困扰。

上司以自我本位的立场，提示部下“你做这个”、“你做那个”时，你要有心理准备，要考虑：现在所做的事对于自己的未来有帮助吗？

如果没有这种心理准备，不管上司交代什么就照着他的话去做，不但整天会被工作压得喘不过气来，而且自己也不会安排工作，等到你猛然回头一看，发觉自己没有学到任何东西。这样就枉费你待在这家公司所付出的时间和心血了。

认清当前的发展状态，你在哪个领域有特殊才能，你想在哪个领域有特殊才能，寻找机会，学习一些特殊的知识和技能。这样，不论你以后是在新的工作岗位上还是在原有的工作岗位上，你不怕下岗，不愁没工作。

你要向别人展示你的才能，但你不能让别人“偷”走它。假设你做一份计划书，你只需写清楚结论和必要的基本的理由，力求这份材料的精确，不必对每个事实、每个数据、每个可能的解释都写得清清楚楚，否则没人会再来找你帮忙，没人会再来请教你，没人会向你索要更多的信息，没有人会邀请你作报告，你也就丢了你的资本。

让创新成为性格

近年来，一些成功的企业在鼓励员工不断进取、创新时，提出了一些与传统观念相悖的思想。例如，对企业聘用的人员，尤其是管理人员，如果在聘用一年内不犯“合理错误”，将被解雇。这里所说的“合理错误”，是指受聘在企业中担任经营、管理的人员，在经营、管理过程中敢于开拓、创新，敢于冒风险。如果受聘员工不犯这种“合理错误”，则说明这个人缺乏创造性，更没有竞争力。一个平庸保守、不敢冒任何风险的人，在工作中丧失的机会要比捕捉到的机会多得多，对企业造成的损失将无可估量，是绝对不能有所建树的。

汤子敬是民国初年重庆工商界闻名遐迩的百万富翁。从多年的经营实践中，汤子敬获得的经验是：企业开得越多越保险。用他的话说：“十个海椒总有一个是辣的。”这个企业亏了，那个会赚，互为扶植，使整个集团立于不败之地。在经营过程中，汤子敬敢于冒险的事例很多，下面随意列举几个：1893年，川东一带起义军反清，声势浩大，一般布匹商人手足无措，纷纷抛货换钱。而汤子敬却估计清朝不会马上垮台，于是大胆大量套购别人抛售的货物，待价而沽。结果起义军失败后，布匹行市看涨，汤子敬名利双收。

第二次世界大战爆发后，牛羊皮滞销，原料价格大跌，虽处战乱之中，汤子敬果断决定大量收购囤积皮料。战争结束后，又高价卖出，赢利数十万两银子。在半殖民地半封建的旧中国，局势动荡，民族工商业处在风雨飘摇之中，不时有企业倒闭关门。每当汤子敬看到有的企业要垮台时，便挺身而出，大力扶持。在别人看来，这等于把钱往火里扔，但汤子敬不怕冒险，改组并救活了一个又一个企业之后，把资金都控制在自己手中，极大发展了自己的企业。

创新一旦投入进去就会成为一个人的习惯，支柱型员工需要培养这种习惯。一旦创新成为你的性格，你的工作就会更加充满活力，激发你的创造力。

创造力潜伏在每一个人的头脑中。创造力绝不是什么天才之类的独特力量和神秘天赋。如果把创造力应用于你的工作中，支柱型员工就可以顺利解决一切难题。那么，什么是创造力？

1. 创造力是9美元到30万美元的差距

有一个艺人举着一块价值9美元的铜块叫卖：价值28万美元。人们不了解，就问他怎么回事。他解释说：这块价值9美元的铜块，如果制成门柄，价值就增为21美元；如果制成工艺品，价值就变成300美元；如果制成纪念品，价值就应该达到28万美元。他的创意打动了华尔街的一位金融家，结果那块铜最终制成了一尊优美的胸章——一位成功人士的纪念像，价值为30万美元。从9美元到30万美元，这就是创造力。

2. 你的创造力就是新点子

"人的智慧如果滋生为一个新点子时，它就永远超越了它原来的样子。"对支柱型员工来讲，创造力就是新点子，创造力就是一个人创新的能力。可以回想，在处理哪些事情时你有较好的新点子？你是否依据你的新点子而采取行动？有没有产生"新点子"的可能？如果有，找出原因。

3. 你为什么没有创造力

心理学实验表明，一个人在5岁的时候，创造力高达90%；在17岁的时候，创造力达到10%；20岁至45岁之间，创造力只有5%。这说明人在不断成长的过程中，逐步压抑了创造力。那么，这是什么原因造成的呢？主要有四个方面的障碍：

①消极的心态。消极的心态是成功之道上的"拦路虎"。消极心态使你没有信心，怀疑所有的一切；总觉得创造力与自己无关，把注意力

放在负面情绪之中，把原来可以用来创造的精力花在担心可能发生的不妙的后果上，从而错过了发挥创造力的机会。

据说所罗门国王是世界上最明智的统治者，他曾说："他的心怎样思量，他的为人就是怎样的。"换而言之，你相信会有什么结果，就可能有什么结果。"人不可能取得他自己并不想追求的成就。人不相信他能达到的成就，他便不会去争取。"当一个消极心态者对自己不抱很大期望时，他就会给自己取得成功的创新能力浇凉水。他成了自己潜能的最大敌人。

②失败的阴影。害怕失败是创新的最大障碍。不要害怕失败，失败是成功之母。每一位成功的创新者都经历过失败，但他们并没有被失败击倒。爱迪生发明电灯泡，曾失败了6000次。汤姆·华生说："加速成功常常是两倍加速迈向失败。"从失败的阴影中走出来，你的创新能力将引导着你走向成功之路。

③墨守成规。对待"规定"的态度有两种：要么遵守，要么打破。当"规定"不能适应时代发展的现状时，就会阻碍你的创造力，这就需要你打破它。

④给自己打分。人的创造力是没有极限的，唯一的限制来自你所接受的知识系统、道德系统和价值系统。这些系统会使你给自己打分。面对一件事，你首先想到的是：我这个人比较内向，干不了；我比较笨，干不了……其实，很多你深信不疑的事情，可能是垃圾，就是它阻挡你的创造力。每当你察觉自己被某种信念所限制时，不妨删除它，用一个能够保留和有益的信念来取代。

职场升迁规律

要审慎选择第一项职务。并不是任何第一项职务都有相似的结果。一个管理者在组织中的起点，对其今后的职业发展具有重要影响，实践证明，一开始就选择有权力的部门工作，更有可能在员工生涯中较早得到提升机会。

其次，不要在最初的职位停留太久，很快地转换到不同的工作岗位上，会给他人一种不稳定的信号，但这又可能成为自我成就的预演。这一信息对你的启示是，尽快在第一份管理职务中获得晋升，否则，要早换职位。

保持流动性对你是有利的。一个员工如果显示出他乐于转换到其他领域工作，那他更有可能迅速得到提升。工作流动性对于充满进取心的管理人员来说具有更为重要的意义。

有时横向发展是有必要的。由于管理组织的重组和随层次精简而形成的组织扁平化，使得许多组织中职位提升的阶梯减少了。要在这样一种环境中发展，一个好主意就是考虑横向职位的变换。

有人会认为，在企业中职级晋升很透明，从主管升到副经理，从副经理升到经理，然后升任总监，路线清晰。这是一条合理的上升路线，但必须有一个前提，你的职业方向已经确立。如果没有确立，是不存在这种理想的职级晋升模式的。

企业内部调动有相当的不确定性，尤其是很多人的职业生涯规划起步较晚，多年后发现职业定位不准或职业方向不明确的非常多，这就像是“摸着石头过河”，级别不透明既有企业的原因，也有个人的原因。

由于隐性职责和显性职责的缘故，加上专业背景的差异，在同一个岗位，不同的人的职位周期都是不一样的，岗位上的晋升潜力也不一样，会出现比较大的偏差。

NO.8 能力/ ability：打造最给力的职场达人

薪水太少，工作太多，主管没创意……抱怨远比工作时间长，这就是职场里典型的黑隧道现象。职场中的机会主义者，永远认为好工作是可以换来的，工作的目的完全依附在找好工作上，不断地追寻，不断地沮丧，黑隧道有如漫漫长夜，职场如江湖，如果不再提高能力，黑隧道期将是迢迢长路。培养带得走的职场能力，也就是应对黑隧道的压力和折磨的能力，是缩短和消除黑隧道，开创崭新人生的不二法门。

不懂协作力，如何在职场中生存

员工作为一个公司的个体，只有把自己融入到整个团队之中，凭借整个集体的力量，才能把自己所不能完成的棘手问题解决好。

重视团队沟通

团队协作沟通几乎是一个古老的话题。所有在企业服务的员工都会接受到这方面的教育。下面的一个调查对我们有很大的启示。

成功者的道路有千千万万，但总有一些共同之处。在“杰出员工的童年与教育”调查中，专家发现，杰出员工大多数是善于与他人团结协作的人，团结协作是许多成功人士的共同特性。

合作是一件快乐的事情，有些事情人们只有互相合作才能做成，凭一人之力是不能完成的。美国加利福尼亚大学副教授查尔斯·卡费尔德对美国1500名取得了杰出成就的人物进行了调查和研究，发现这些有杰出成就者有一些共同的特点，其中之一就是与自己而不是与他人竞争。他们更注意的是如何提高自己的能力，而不是考虑怎样击败竞争者。事实上，对竞争者的能力（可能是优势）的担心，往往导致自己击败自己。多数成就优秀者关心的是按照他们自己的标准尽力工作，如果他们的眼睛只盯着竞争者，那就不一定取得好成绩。

帮助别人就是强大自己，帮助别人也就是帮助自己，别人得到的并非是你自己失去的。在一些人的固有的思维模式中，一直认为要帮助别人自己就要有所牺牲；别人得到了自己就一定会失去。比如你帮助别人提了东西，你就可能耗费了自己的体力，耽误自己的时间。

其实很多时候帮助别人，并不就意味着自己吃亏。下面的这个故事就生动地阐释了这个道理：

有一个人被带去观赏天堂和地狱，以便比较之后能聪明地选择他的归宿。他先去看了魔鬼掌管的地狱。第一眼看去令人十分吃惊，因为所有的人都坐在酒桌旁，桌上摆满了各种佳肴，包括肉、水果、蔬菜。

然而，当他仔细看那些人时，他发现没有一张笑脸，也没有伴随盛宴的音乐或狂欢的迹象。坐在桌子旁边的人看起来沉闷，无精打采，而且皮包骨。这个人发现每人的左臂都捆着一把叉，右臂捆着一把刀，刀和叉都有4尺长的把手，个人不能吃到食物。所以即使每一样食品都在他们手边，结果还是吃不到，一直在挨饿。

然后他又去天堂，景象完全一样：同样食物、刀、叉与那些4尺长的把手，然而，天堂里的居民却都在唱歌、欢笑。这位参观者困惑了一下子。他怀疑为什么情况相同，结果却如此不同。在地狱的人都挨饿而且可怜，可是在天堂的人吃得很好而且很快乐。最后，他终于看到了答案：地狱里每一个人都试图喂自己，可是4尺长把手的刀叉根本不可能吃到东西；天堂里的每一个人都是喂对面的人，而且也被对方的人所喂，因为互相帮助，结果帮助了自己。

这个启示很明白，如果你帮助其他人获得他们需要的东西，你也因此而得到想要的东西，而且你帮助的人越多，你得到的也越多。

支柱型员工在个人生活和职业生活中是否成功，取决于与他人合作得如何。“合作”一词指在群体环境中普遍发生的社会关系。群体，一般被定义为一起工作以实现共同目标的一群人。群体的成员互相作用，彼此沟通，在群体中承担不同的角色，并建立群体的同一性。

有些人较之其他人是更有效的群体成员。群体的成功要涉及一系列复杂的思考和语言能力，而这些能力正是许多人所没有系统掌握或完全拥有的。那些在社交方面很成熟的人，他们极容易适应任何的群体环境，能与许多不同的个体进行友好的交谈。与他人和谐地、富有成效地共事，用清楚的和有说服力的观点影响群体的思考，有效地克服群体的紧张和自我主义，鼓励群体成员守信，创造性地工作，并能使每一个人集中精力，朝着共同的目标前进。

与他人合作比单独工作有更多好处。首先，群体成员具有不同的背景和兴趣，这可以产生多样化的观点。实际上，与他人合作可以产生出任何个人只靠自己所无法具有的创造性的思想。此外，群体成员互相提供帮助和鼓励，每个人都能贡献出他或她独特的技能，团体的一致性和认同感激励着团体成员为实现共同的目标而努力奋斗，这是一种“团队精神”，它能使每个人最大限度地实现自己。

众人拾柴火焰高

支柱型员工作为一个公司的个体，只有把自己融入到整个团队之中，凭借整个集体的力量，才能把自己所不能完成的问题解决好。当你来到一个新的公司，你的上司很可能会分配给你一个你难以独立完成的工作。上司这样做的目的就是要考察你的合作精神，他要知道的仅仅是你是否善于合作，勤于沟通。如果你一声不响，一个人费劲地摸索，最后的结果很可能是死路一条。明智且能获得成功的捷径就是充分借用团队的力量。

现代年轻人在职场中普遍表现出的自负和自傲，使他们在融入工作环境方面显得缓慢和困难。他们缺乏团队合作精神，不愿和同事一起想办法，每个人都会做出不同的结果，最后对公司毫无益处。

事实上，个人的成功不是真正的成功，团队的成功才是最大的成功。对上班族来说，谦虚、自信、诚信、善于沟通、富有团队精神等一些传统美德是非常重要的。团队精神在一个公司，在一个人的事业发展中都起着举足轻重的作用。

那么支柱型员工如何才能加强与同事间的合作，提高自己的团队合作精神呢？

①要善于沟通。同在一个办公室工作，你与同事之间会存在某些差异，知识、能力、经历造成你们在对待工作时，会产生不同的想法。交流是协调的开始，把自己的想法说出来，听听对方的想法，支柱型员工

要经常说这样一句话："你认为这事该怎么办？我想听听你的想法。"

②要平等互助。即使你各方面都很优秀，即使你认为自己以一个人的力量就能解决眼前的工作，也不要显得太狂傲。要知道还有以后，以后你并不一定能完成一切。还是做个朋友吧，平等地对待对方。

③要乐观自信。即使是遇上了十分麻烦的事，也要乐观，支柱型员工要对你的伙伴们说："我们是最优秀的，肯定可以把这件事解决好，如果成功了，我请大家喝一杯。"

④要勇于创新。一加一大于二，但你应该让它得数更大。培养自己的创造能力，不要囿于常规，安于现状，试着发掘自己的潜力。支柱型员工除了能保持与人合作以外，还需要所有人乐意与你合作。

⑤要善待批评。请把你的同事和伙伴当成你的朋友，坦然接受他的批评。一个对批评暴跳如雷的人，每个人都会敬而远之。

在同一个办公室里，同事之间有着密切的联系，谁都不能脱离群体单独地生存。依靠群体的力量，做合适的工作并成功者，不仅是个人的成功，同时也是整个团队的成功。相反，明知自己没有独立完成的能力，却被个人欲望或感情所驱使，去做一个人根本无法胜任的工作，那么失败一定不可避免。而且还不仅是你一个人的失败，同时也会牵连到周围的人，进而影响到整个公司。

由此不难看出，一个团队、一个集体，对一个人的影响不可谓不大。善于合作、有优秀团队意识的人，整个团队也能带给他无穷的收益。支柱型员工要想在工作中快速成长，就必须依靠团队、依靠集体的力量来提升自己。

有能力却不懂合作，不可怕吗

员工要想职场成功，必须学会合作，一方面可以弥补自己的不足，另一方面可以形成一股合力。所以，合作能力常比个人的能力重要得多。

一家公司招聘高层管理人员，9名优秀应聘者经过初试，从上百人中脱颖而出，闯进了由公司老总亲自把关的复试。老总看过这9个人详细的资料和初试成绩后，相当满意，但是，此次招聘只能录取3个人，所以，老总给大家出了最后一道题。

老总把这9个人随机分成甲、乙、丙三组，每组三人，指定甲组去调查本市婴儿用品市场；乙组调查妇女用品市场；丙组调查老年人用品市场。老总解释说："我们录取的人是用来开发市场的，所以，你们必须对市场有敏锐的观察力。让你们调查这些行业，是想看看你们对一个新行业的适应能力，每个小组的成员务必全力以赴！"临走的时候，老总补充道："为避免大家盲目开展调查，我已经叫秘书准备了一份相关行业的资料，走的时候自己到秘书那里去取！"

三天后，9个人都把自己的市场分析报告送到了老总那里。老总看完后，走向丙组的3个人，分别与之一一握手，并祝贺道："恭喜3位，你们已经被本公司录取了！"然后，老总看见大家疑惑的表情，呵呵一笑，说："请大家打开我叫秘书给你们的资料，互相看看。"原来，每个人得到的资料都不一样，甲组的3个人得到的分别是本市婴儿用品市场过去、现在和将来的分析，其他两组的也类似。老总说："丙组的3个人很聪明，互相借用了对方的资料，补全了自己的分析报告。而甲、乙两组的6个人却分别行事，抛开队友，自己做自己的。我出这样一个题目，其实最主要的目的，是想看看大家的团队合作意识。甲、乙两组失败的原因在于，他们没有合作，忽视了队友的存在。要知道，团队合作精神才是现代企业成功的保障！”

合作在这里指的是双方合作。支柱型员工要想成大事，必须学会合作，这样才可以弥自己的不足，形成一股合力，掌握这种能力，才能让自己的事业不断向前。支柱型员工如果能主动加强与同事间的合作，巧妙凭借集体的力量完成任务，老板就会对你高看一眼，从而培植你、提拔你。你的前途将一片光明。所以说合作是成功的保障实不为过。

合作要循循善诱

不要以为这只不过是一个寓言，说说而已，生活中行不通，现实中还真有这样的事情。美国《纽约日报》的总编辑雷特就是这样求得一位贤才鼎力相助的。

当时，雷特是格里莱办的《纽约论坛报》的总编辑，身边正缺少一位精明干练的助理。他的目光瞄准了年轻的约翰·海，他需要约翰帮助自己成名，帮助格里莱成为这家大报的成功的出版家。而当时约翰刚从西班牙首都马德里卸除外交官职，正准备回到家乡伊利诺州从事律师职业。

雷特看准了约翰是把好手，可他怎样使这位有为的青年抛弃自己的计划而在报社里就职呢？雷特请他到联盟俱乐部去吃饭。饭后，他提议请约翰·海到报社去玩玩。从许多电讯中间，他找到了一条重要消息。那时恰巧国外新闻的编辑不在，于是他对约翰说：“请坐下来，为明天的报纸写一段关于这条消息的社论吧。”约翰自然无法拒绝，于是提起笔来就做。社论写得很棒，格里莱看后也很赞赏。于是雷特请他再帮忙顶缺一个星期、一个月，渐渐地干脆让他担任这一职务。约翰就这样在不知不觉中就放弃了回家乡做律师的计划，而留在纽约做新闻记者了。

雷特凭着这一策略，猎获了他物色好的人选，而约翰在试一试、帮朋友忙的动机下，毫无压力、兴致很高地扭转了他人生航船的方向。事前，雷特一点也没泄露他的意思，他只是劝诱约翰帮他赶写一篇小社论，而事情很圆满地成功实现了。

由此可以得出一条求人的规律，那就是：央求不如婉求，劝导不如诱导。

在运用这一策略的同时，要注意的是：诱导别人参与自己的事业的时候，应当首先引起别人的兴趣。

当你要诱导别人去做一些很容易的事情时，先得给他一点小胜利。当你要诱导别人做一件重大的事情时，你最好给他一个强烈刺激，使他对做这件事有一个要求成功的需求。在此情形下，他的自尊心被激发起来了，他已经被一种渴望成功的意识刺激着了。于是，他就会很高兴地为了愉快的经验再尝试一下了。

凡是优秀的员工，都要懂得这是使人合作的重要策略。但有时候，常常要费许多心机才能运用这个策略，有时候又很便当。像雷特猎获约翰一例，他只是稍许做了些安排。

总之，支柱型员工要引起别人参与你的计划的兴趣，必须诱导他们先尝试一下。可能的话，不妨使他们先从一些容易的事入手。这些容易成功的事情，在他们看来，往往是一种令人兴奋的真正的成功。

用创造力点燃你的沸点

大多数人都认识不到一个重要的真理，就是努力工作是创造力的敌人。你沉迷于努力工作的程度越大，你就会变得越没有创造力。只有当你有足够的时间去放松和胡思乱想时，你才能成为有创造性的人，可以想出来一些对你的生活或工作有所改善的好主意。

创新改善你的工作

创新对于公司有着非常重大的意义。俗话说："流水不腐，户枢不蠹。"对于支柱型员工来说只有具备创新的能力，才能在公司中拥有稳定的地位。一旦你停止了创新，停止了进取，哪怕你是在原地踏步，实际上却是在后退；因为你的竞争对手正在前进、在创新、在发展。那些不创新、不开拓，妄求以工作经验站稳脚跟的员工，结果不到几年，就落伍了，被公司或市场所淘汰。这些人即使表面上很勤奋也没用，表面上的忙忙碌碌不能说明什么，要看工作的实质是否有新的进展和突破。

创新对支柱型员工意义，如同新鲜的空气之于生命的意义。支柱型员工应该不断在思想上创新、观念上创新、技术上创新、知识上创新，才能确保在公司或人力市场上拥有自己的一席之地。

有很多员工工作很勤奋，但缺乏创造性，没有创新精神，这样的人即使付出了很多的努力，却往往赶不上具有创造性的人的一个金点子。从这个意义上讲，劳动与回报不一定是成正比的。你能因此说世界不公平吗?

多少年以来，所有不同文化和宗教的名言都强调，思想是创造一份有价值的生活的巨大动力。在这个方面，我们在有生之年能取得的所有成功都是取决于我们思想的质量，思想的质量在很大程度上又取决于我们思维的创造性。实际上，发挥创造性对于我们获得幸福生活起着举足轻重的作用。

就像真理一样，创造性思维能让你获得自由。你的思维越富有创造性，你就越不用完全依靠努力工作取得成功。在这个世界上没有什么东西会比具有想象力的项目产生的长远收益更大。这使得创造性成为懒惰成功者生活方式中的基本要素。

从财务角度看，你最有价值的资产并不是你的学历、工作、房子或银行账户，而是你的头脑。你给自己创造性思维的标价至少应该是100万美元，因为你能在你的有生之年用它创造出数倍于此的价值。由此可以得出这个结论，你的创造性能让你成为一个百万富翁。

你越把自己看做是一个具有创造性的人，你就越容易感到自己成功，对自己能创造出更多的财富也会越有信心，而并不需要为此努力工作。毫无疑问，成大事者都是独立思考、具有创造性的人。而富有创造性的人具有怎样的特点呢？

①与众不同，而自己并不介意与众不同；

②有乐观、开朗的性格；

③从不循规蹈矩，对一些简单的工作总是不屑一顾；他们放荡不羁，喜欢标新立异、独辟蹊径，爱以新的方法从事他的工作；

④崇尚冒险精神，喜欢有挑战性的工作；

⑤在工作和生活中很少做到准确、准时和恰到好处，因为在他们看来还有比这更重要的东西；

⑥富有幽默感；

⑦对待事情的发展要顺其自然，不需要事先勾画草图；

⑧热情高涨；

⑨擅长从一个独特的视角来评价和判断事物：他们具有特殊的综合能力，常常别出心裁；

⑩他们在追求和探索中感到其乐无穷。

那么怎样才能具有宝贵的创造性呢?

研究创造力的调查人员指出，运用创造性的人和不运用创造性的人之间主要的区别就是，那些运用创造性的人完全相信自己具有创造性。换句话说，那些经常有好创意的人很清楚他们天生所拥有的能力，并且运用它来为自己创造有利条件。

事实上人人都可以成为有创造性的人，就看你如何发掘自己的创造性。如果发现自己缺乏创造性，可以参照下面的标准，弥补自己的不足之处：缺少确定的奋斗目标；惧怕失败；担心成功可能带来不利的影响；贪图眼前既得利益；害怕生活的改变对自己不利；缺乏体力或热情。只要你充分发挥自己的能力，认识并注意克服自己的缺点，你就一定能成为一个有创造性的人，并且在创造中获得无穷的乐趣！

当你感到轻松自在、摆脱了紧张压力并对自己有信心的时候，一鸣惊人的想法就会随之而至。那么具有创造性的懒散就是开启创造性精神的最佳方法之一。创造性的懒散也是为这样的人而设的，他们想要找到一些能更好地了解自己、别人和这个世界的方法，而不是一直在不停地忙碌却得不到真正的回报。

支柱型员工每天要花至少一两小时的时间去进行一些被认为是具有创造性的懒散活动，竭尽所能地去追求你希望在未来得到的生活方式。你工作的强度越大，你就越需要把具有创造性的懒散作为工具来帮助自己开发能创造收入的好主意。在丛林中远足、在公园中散步或者在草场上骑马都能让你的思维有机会放松下来并走入一个新的领域。

日常工作更需创新

创新应该贯穿于工作、生活的始终。但是，在日常工作中，更需要员工创新。从细微的事情开始创新，逐步培养自己的创新意识，进而培养整个部门乃至整个公司的创新文化。

在这个日常工作中，我们每天都在呼唤着创新，希望运用创新来改变前途，那么究竟什么是创新呢?

一个低收入的家庭订出一项计划，使孩子能进一流的大学，这就是创新。一个家庭设法将附近脏乱的街区变成邻近最美的地区，这也是创新。想法子简化资料的保存，或向“没有希望”的顾客推销，或让孩子做有意义的活动，或使员工真心喜爱他们的工作，或防止一场口角的发生，这些都是很实际的、每天都会发生的创新实例。

什么叫创新？《伊索寓言》里的一个小故事给了我们一个形象的解释。

一个风雨交加的日子，有一个穷人到富人家讨饭。“滚开！”仆人说，“不要来打搅我们。”

穷人说：“求求你让我进去，我只想在你们厨房的火炉上烤干衣服而已。”仆人以为这不需要花费什么，就让他进去了。突然，这位穷人请求厨娘给他一个小锅，以便他“煮点石头汤喝”。

“石头汤？”厨娘说，“我想看看你怎样能用石头做成汤。”于是她就答应了。穷人到路上捡了块石头洗净后放在锅里煮。

“可是，你总得放点盐吧。”厨娘说，于是她给他一些盐，后来又给了豌豆、薄荷、香菜。最后，又把收拾到的碎肉末都放在汤里。

当然，你也许能猜到，这个可怜人后来把石头捞出来扔在路上，美美地喝了一锅肉汤。

如果这个穷人对仆人说：“行行好吧！请给我一锅肉汤。”那么他的下场肯定是被轰走。因此，伊索在故事结尾处总结道：“坚持下去，方法正确，你就能成功。”

创新并不是天才的专利，创新只在于找出新的改进方法。任何事情，只要能找出把事情做得更好的方法，就能取得更大的成功。接着，我们来看看，怎样发展、加强创新能力。培养创新能力的关键是要相信能把事情做好，要有这种信念，才能使你的大脑运转，去寻求把事情做得更好的方法。

当你相信某一件事不可能做到时，你的大脑就会为你找出种种做不到的理由。但是，当你相信——真正地相信，某一件事确实可以做到，你的大脑就会帮你找出能做到的各种方法。人们为了取得对陌生事物的认识，总要探索前人没有运用过的思维方法，寻找没有先例的办法和措施去分析认识事物，从而获得新的认识和方法，用以锻炼和提高人的认识能力。

创新就是不满足人类已有的知识经验，就是努力探索客观世界中尚未被认识的事物规律，从而为人们的实践活动开辟新的领域，打开新局面。没有创新能力，没有勇于探索和创新的精神，人类的实践活动只能停留在原有水平上，人类社会就不可能在创新中发展，在开拓中前进，人们所从事的事业就必然陷入停滞甚至倒退的状态。

优秀员工的可贵之处在于具有创新能力。一个有所作为的人只有通过创新，才能为人类作出自己的贡献，才能体会到人生的真正价值和真正幸福。创新能力在实践中的成功，更可以使人享受到人生的最大幸福，并激励人们以更大的热情去积极从事创新，实现更大的人生价值。支柱型员工事业目标的实现是一个不断发展、不断创新的过程。

执行力胜于雄辩

我们要想创造价值往往需要有好的想法，但是更加需要将想法变成现实的执行力。这对于想成为企业支柱型员工来说，是一道不可逾越的障碍。

一个英明的决策，一个周密的计划要想得到落实，最重要的不是它的策划，而是它的执行。既然执行是如此重要，但为什么长久以来一直为人们所忽视呢？可以肯定的是，并不是没有人意识到这个问题，但为什么大家都没有采取实际的措施来建立一种执行文化呢？当一项决策没有得到切实执行，或者承诺没有兑现的时候，一定是什么地方出现了问题。

很多员工都说自己更喜欢接受智力挑战，这些人对智力挑战的理解只有一半是正确的。他们根本没有意识到，智力挑战也包括严格的执行工作。这些人之所以会形成错误的观点，是因为人们总是错误地相信有这样一个神话：只要有了好的想法，一切都会顺理成章地发展，直到产生好的结果。

诺贝尔奖得主之所以能够成功，是因为他们在不断地执行那些能够为其他人所复制、验证和改进的实验，他们能够测试和发现许多以前没人意识到的模式、关系和联系。

爱因斯坦花了十多年的时间才找出详细的证据来证明自己的相对论理论。在这十多年的时间里，爱因斯坦实际上就是在进行着一种执行工作——从各种各样的数学计算中寻找能够证明自己的理论的证据。因为如果没有证据的话，他的这些理论根本就是站不住脚的。爱因斯坦不可能把这项工作委托给任何人，因为这是其他人不能够担当的智力挑战。

在面对一个新问题的时候，上司首先会不断地探索新的方案，而一旦这项探索工作完成之后，接下来的工作就是具体的执行。

比如说，某部门的一名经理人员计划在来年要把本部门的销售额提高8%——即使是在市场吸收力尚有增加的情况下。在他们的预算规划过程中，大多数领导者都会毫不犹豫地接受这个数字。但是如果在一家具有执行文化的企业里，领导者们就会提出更多的质疑，并以此来判断这个计划是否现实。

“好的，”他会问这位经理，“你打算通过什么途径来实现这些增长？你准备通过什么产品来实现这一目标？客户对象是哪些人？他们为什么要购买你的产品？你的竞争对手会采取什么措施？你是否制定了阶段性目标？”如果在第一季度结束的时候，这个部门没能实现第一阶段的目标的话，这就是一个预警信号：一定是什么地方出了问题，你必须马上采取措施。

如果上司对该部门的执行能力表示怀疑，他可以进一步提出更深层次的疑问：“你是否选派了适当的人选来负责项目的执行？他们的责任清晰吗？你需要什么帮助？你的激励回报系统是否有效？”换句话说，上司不会马上认同这项计划，他当然希望能够得到一个更为详细的解释，而且他会就这个问题一直不停地追问下去，直到得到自己满意的答案。

在这种领导的带领下，公司的每一个人都会积极地参与到讨论当中去，都会开诚布公地公开自己的观点和想法，直到最终达成一种共识。这不仅是一个相互学习的过程，还是一种将知识扩展到项目中所有人的手段。

只有当适当的人在适当的时间开始关注适当的细节的时候，一个部门才能真正地落实一项计划。将上司心中的理念转变为整个部门的实际行动是一个相当漫长的过程，支柱型员工必须考虑到各种因素，需要承担的风险，以及预期的回报；而且必须跟进每一个细节，选择那些能够切实负责任的人，委任给他们具体的工作，并确保他们在开展工作的时候能够做到协调同步。

执行是一种能力，优秀员工更应该做好执行。

解决问题，别说你不行

有很多职员没有自己解决问题的能力，早请示晚汇报，大小问题全部推到上司那里决策。孰不知这样不仅影响公司领导对你的印象，更重要的是，你错过了锻炼自己解决问题的能力的机会。

解决问题的能力首要的，是发现问题。而发现问题并不是很容易的事。在很多司空见惯的现象下，可能隐藏着许多问题，以及使工作得到改进的机会。

一位年轻有为的炮兵军官上任伊始，到下属部队视察操练情况。他在几个部队发现相同的情况：在一个单位操练中，总有一名士兵自始至终站在大炮的炮管下面，纹丝不动。军官不明白，询问原因，得到的答案是：操练条例就是这样要求的。

军官回去后反复查阅军事文献，终于发现，长期以来，炮兵的操练条例仍因循非机械化时代的规则。在过去，大炮是由马车运载到前线的，站在炮管下的士兵的任务是负责拉住马的缰绳，以便在大炮发射后调整由于后坐力产生的距离偏差，减少再次瞄准所需的时间。现在大炮的自动化和机械化程度很高，已经不再需要这样一个角色了，而马车拉炮也早就不存在了，但操练条例没有及时调整，因此才出现了“不拉马的士兵”。这位军官的发现使他获得了国防部的嘉奖。

职场中人应有一根敏感的神经，才能较早地发现变革的导火线并采取相应的行动。

如果你想了解公司真实的经营情况，而不是表面的现象，常常需要你亲临现场去调查才能获得。

有一家贸易公司，由于营业员估计将会有大笔的订单，而批进了大批的货，但实际上的成交却没有那么多，库存品却一点一点地增加。因为进货越多可以打的折扣越多，往往会有人因此而大量进货。

有如积沙成塔一样，每个人都拥有一点自己觉得很少的库存品，但是数十人、数百人累积下来，就会成为很大的数额。而且，从财务报表来看，这些会被认定是资产，即“是公司的财产”的想法。

然而，不具有效益的库存品，与其说是财产倒不如说是一种负担。公司的长期库存品也因为变色、变形等因素，而呈现无法贩卖的状态，而且金额更达到数亿元，这金额相当于这个公司一年销售量的数个百分比。

税务人员本来就应该注意到这样的事情，结果却因为只注意到数字表面呈现出来的结果，就觉得放心。因为专业反而被这些盲点所蒙蔽了。公司里负责管理的员工陈某首先发现了问题，他对税务人员说：“这样下去，会出大问题。”

这说明了一种现象，如果是外行人就会以非常直接的心情来发现这项事实，反而容易有发现；而专家却因为依照往例来进行，而不会刻意地注意到这件事情。

作为员工，培养发现问题的敏锐眼光是很重要的。

美国通用汽车公司收到一封客户抱怨信：“我们家每天在吃完晚餐后都会以冰激凌来当我们的饭后甜点。冰激凌的口味很多，我们家每天在饭后投票决定要吃哪一种口味，然后开车去买。但自从最近我买了一部新车庞帝雅克后，问题就发生了。每当我买的冰激凌是香草口味时，我从店里出来车子就发动不了。但如果我买的是其他的口味，车子发动就很顺利。”

谁看到这种信都会大笑一声，认为这个顾客是无理取闹，但是，通用公司的总经理却派了一位工程师去查看究竟。

第一晚，巧克力冰激凌，车子没事。第二晚，草莓冰激凌，车子也没事。第三晚，香草冰激凌，车子又发不动了。

真的会有这种怪事！工程师记下从头到现在所发生的种种详细资料，如路程、车子使用油的种类、车子开出及开回的时间……他又发现了一个情况：这位仁兄买香草冰激凌所花的时间比其他口味的要短。

香草冰激凌是所有冰激凌口味中最畅销的口味，店家为了让顾客每次都能很快地取拿，将香草口味特别分开陈列在单独的冰柜，并放置在店的前端；而其他口味的则放置在距离收银台较远的后端。

这说明，这部车从熄火到重新被激活的时间较短时就发动不了。这是为什么呢？答案应该是“蒸气锁”。当顾客买其他口味时，由于时间较长，汽车引擎有足够的时间散热，重新发动时就没有问题。但是买香草口味时，由于花的时间较短，以至于无法让“蒸气锁”有足够的散热时间。

通用汽车公司通过这样一件看似根本不可能发生的小事情，发现了自己汽车设计上的小问题，也圆满解答了顾客的疑问，结果可想而知，自然是顾客满意，通用汽车赢得了技术进步和市场荣誉。

如果那位经理觉得那位顾客神经有毛病，或者认为根本不值得研究这些奇怪问题，那样，他可能会失去了一个发现问题和解决问题的机会。

在职场上，有很多人面对问题解决不了的时候常以“不可能”的心态安慰自己。实际上，这往往是思维惰性的表现。如果我们进一步想下去，很可能发现惊人的问题所在。

工作主动的人不需要老板来考察自己的工作成绩，他会首先自己去设法了解自己工作做的怎样。

一个替人割草打工的男孩打电话给一位陈太太说：“您需不需要割草？”陈太太回答说：“不需要了，我已请了割草工。”男孩又说：“我会帮您拔掉花丛中的杂草。”陈太太回答：“我的割草工也做了。”男孩又说：“我会帮您把草与走道的四周割齐。”陈太太说：“我请的那人也已做了，谢谢你，我不需要新的割草工人。”男孩便挂了电话，此时男孩的室友问他说：“你不是就在陈太太那割草打工吗？

为什么还要打这个电话？”男孩说：“我只是想知道我做得有多好！”

在工作中，常常需要不断地探询客户的评价，你才有可能知道自己的长处与短处。不要萧规曹随，凡事想想清楚事出何因，多问几个为什么，自己去发现问题，不比老板来发现你的问题要更好吗？

敢于接球——把“难度”放入你的经验口袋

作为企业中的一员，不仅要善于推功，还要善于揽过，两者缺一不可，因为大多数领导愿做大事，不愿做小事；愿做“好人”，而不愿充当得罪别人的“丑人”；愿领赏，不愿受过。在评功论赏时，领导总是喜欢冲在前面；而犯了错误或有了过失以后，许多领导都有后退的心理。此时，领导亟须员工出来保驾护航，敢于代领导受过或承担责任。

某饮食公司因产品质量问题，引起社会公众的投诉。电视台记者到该饮食公司采访时，最先碰到经理助理，他怕承担不起责任，就对记者推卸道：“我们经理正在办公室，你们有什么事直接去问他吧！”这下可好，记者闯进经理办公室，把经理逮个正着，经理想躲也躲不开了，又毫无心理准备，只好硬着头皮接受了采访。事后，经理得知助理不仅未提前给自己报信，还推卸责任于自己一身，很生气，很快就把他炒鱿鱼了。

这个教训值得我们深思：记者因产品质量问题采访，这本身就不是件光彩的事。此时，领导最需要员工挺身而出，甘当马前卒，替自己演好这场“双簧”戏。他除了应该实事求是地讲明问题的原因外，还应该维护领导的面子，替领导分忧，而不该把事情全推到经理一人身上了事。当然，这是一种比较艰难而且出力不讨好的任务，一般情况下领导也难以启齿对员工交代，只有靠一些心腹揣测领导的意思然后硬着头皮去做。做好了，领导心里有数，但不一定有什么明确的表扬；如果员工粗心或不看眼神把领导弄得很尴尬，领导肯定会在事后发火。

领导管辖范围的事情很多，但并不是每一件事情他都愿意干、愿意出面、愿意插手，这就需要有一些员工去干，去代领导摆平，甚至要出面护驾，替领导分忧解难，赢得领导的信任和赏识。

小陈是某信访办公室的科员，每天都会遇到大量的上访者要求见领导解决问题。领导精力有限，如果事事都去惊动领导，势必影响领导集中精力做好事关全局的工作，并且也会认为员工未承担起自己的职责。每当这时，小陈总是利用自己的特殊身份，勇敢地站出来，分别情况，解决纠纷，进行协调，必要时还使用一些强制手段把问题处理好。在排除无理取闹、胡搅蛮缠以外，一旦查实确有重大问题，再向领导请示。问题在他这儿总能处理得有条不紊，众人心服，同样也获得了领导的赞扬。

挡驾是件得罪人的事，但同样也是一门艺术。如果做得不够，事事呈给领导，可能会加重领导的负担；如果做得过分，则会影响领导与下级和群众的关系。所以，就需要员工敢于负责任，对情况予以核实和整理，最后征求领导的处理意见。只要处理得体，你的良苦用心就会为领导所理解，对你给予更多的鼓励，这就为此后建立良好的关系奠定了一个有利的基础。

由于高层领导处于各方面问题的焦点，着眼于全局考虑，有些问题不便亲自处理，或处理不当就可能会引起全局震动，这时，员工就应挺身而出，把这些棘手事揽过来。敢于替领导接球的员工，在危急时刻挺身而出的员工，会成为企业的支柱型员工。

NO.9 效率/ efficiency：瞎忙忙不出业绩

同样一件工作，为什么你要一天才能完成而别人只需要半天甚至一小时就能完成呢？为什么有时候你感觉自己在天天忙碌，而似乎没有任何成果，工作总是裹足不前呢？在工作中，这些问题也许总是困扰着你，而且久而久之如果只是效率低下还会影响到自己的工作业绩。所以，提高工作效率是一个刻不容缓的问题。这个很大程度上还是要靠个人体会、思想和交流，发现自己在工作中存在的降低工作效率的行为，然后去改正它。

拜托，人大可不必那样忙！

"人大可不必那样忙！"在我们做一件工作前，应当考虑如何用最简省的方法去获得最佳的成效，拟定一个周密的计划，再着手去做。

成天忙个不停的人，工作效率往往并不好。有些人成天忙得团团转，但他是否真的很勤快呢？甚至到了下班时间，还有一大堆事情尚未处理。这是否意味着他的忙碌是没有意义的呢？或许你会发现，像这种成天忙碌的人，工作往往是没有效率的。

有些主管整天呼来喊去，骂这骂那；书桌上的公文及资料文件堆积如山，似乎有忙不完的工作，可以将他们称为"无事忙"。

若你有事请教，他会很不耐烦地转头说："我很忙。"在你问题尚未说出前，就给你来个下马威。的确，他是很忙，但这种忙碌是否具有实质意义呢？相反地，有的人对每件事都处理得井然有序，不管公司内外，大大小小的事，他都能迅速地亲自处理，并且让人一目了然，甚至有时还悠闲地表现一些幽默和情趣。这到底是怎么回事呢？有人对公司那些"无事忙"的主管做过心理分析，很不幸地，结果发现他们忙碌的理由都是可笑的，有的甚至只是为了要将自己的能力表现给他人看，却完完全全地与效率和合理脱了节。这正是很多勤奋人常常犯的错误。

歌德曾说过："善于掌握时间的人，才是真正伟大的人。"

美国著名建筑师安德雷·帕拉第奥可能是历史上被模仿得最多的建筑师了。他说过这样一句话："人大可以不必那样忙！"

原先他是利用时间的楷模，整天没有闲着的时候，除了设计和研究，还要管一些杂七杂八的事，且占用的时间大大超出正常工作量。有人问他："他怎么那么忙，好像时间总也不够用？"

后来，一位学者见他整天风风火火的，还是没有取得多大成绩，便对他说："人大可不必那样忙！"这仿佛是一语惊醒梦中人，他恍然大悟。他反省自己，发现曾经抓紧时间做的很多事，其实都没什么用，不但没有效益，反而浪费了许多时间。

于是，他去除掉那些偏离主导方向的事情，把时间花在更有价值的事情上。没多久，他就写出了他的传世之作《建筑学四书》，该书至今仍被许多建筑师们奉为建筑学的《圣经》。他的崇拜者不计其数，甚至包括总统托马斯·杰弗逊。看了这个故事，我们恐怕不难明白为什么帕拉第奥会获得成功了。

懂得珍惜时间是一件好事，但同时要记住还要懂得怎样利用时间。拉布吕耶尔说："最不好好利用时间的人，最会抱怨它的短暂。"那么，如果你把时间合理地利用好了，也就会觉得它其实很充裕。这在某种意义上说，也等于延长了你的生命。

在我们做一件工作前，应当考虑如何用最简省的方法去获得最佳的成效，拟定一个周密的计划，再着手去做。若只是因一时的兴起而从事工作，不但事倍功半，而且也不易成功。

工作时如果只是要将自己的忙碌告诉他人，我们可以断定他所忙的都只是一些无聊的事。因为一个工作有计划的人，是不会那么忙碌的。有一位公司的高级主管，他总是笑脸迎人，优哉自若，非常有效率。与客人一见面，他会直截了当地告诉他："今天我只有三十分钟能和你谈。"或是"今天我的时间较充裕，我们可以慢慢谈。"

有一次有人为了一件重要的事情来拜访他，他立刻就将财务科长叫到办公室；第二天，这件事情就解决了。因为他冷静，所以能很快地下决断；成天"无事忙"的人，是绝对没有这种"当机立断"能力的！

无论是高层主管还是员工，若能在一天规定的八小时工作时间内将预定工作做完，才是一个真正有效率的人。在工作中，我们常常看到有些人，要在下班铃响后，才开始紧张忙碌的工作。如果有这样的员工，必定也有这样的主管，因为他的低效，双方才能臭味相投。若是一个主管认识到员工如此工作是没有效率的，相信员工就不会这样做。

许多勤奋人在工作中过分忙碌是因为他们养成了贪多的习惯，这使他们发现永远有做不完的事情。

如果你发现自己被许多事情绊住，忙完一茬又一茬，做完一件又一件，想要使所有人高兴，就像刚腾空一个容器，又得把容器装满，那就需要反思自己并想一些办法解决这种情况了。

这种情况和出去度假前把衣箱装得太满是一样的道理，衣箱不能超量装载，工作分配同样也不能超过负荷。所以，我们应该经常问一问自己在指定时间内所做的工作，是否能够发挥最大效益，还是徒劳无功。

无论在上班或私人事件中，想取得成功都需要适当的时间和精力，才能使一生中每一阶段都有所贡献。适当的平衡，意味着把你的时间用得有价值；成绩良好时别忘了给自己和其他合作密切的人予以奖励。

与此同时，我们还必须防止对自己或旁人做出不能实现的一些允诺。利用自己的时间，做出尽可能完善的计划。在现实的目标和达到目标的行动取得适当平衡的情况下，你才能在生活的各个方面做出更多的成绩。

接受一项新挑战，必须用一定时间思考，要写出书面计划，和上司、同事或下属讨论一下。尤其是要和对这项工作有所了解，或者有实际经验的人进行讨论。

工作当中应当想想老板对你现在做的工作是否要求限期当天完成，或者应提前一天。注意，按时圆满完成每项任务，可以树立追求事业的名誉，全神贯注在你现在最紧要的工作上，在完成当前工作之前，把未来的一切工作都忘掉。列出全部完成的工作清单，以便进行考绩评估时提醒上司。

有的公司的员工为了给顾客提供最佳服务，会答应一些很难办到的事。如果允诺没有实现，往往引起顾客的不满，使自己也陷入狼狈状态。这提醒我们，不要陷入承诺太多的圈子里。

你认为一天可以对顾客作出答复时，告诉他们需要三天。要知道三天之内会出现许多意想不到的情况，当你在一天内完成允诺，把结果送给顾客时，你会给顾客留下良好的印象。

当你碰到疑难问题，或请一天病假，在三天之内仍然可以办完，答应之事绝不至于耽误拖延。

所以要懂得适时说“不”的重要性，只有这样，你才能有自己的时间去做自己最重要的工作，并在接受一项工作或者被分配某项指定任务时有绝对的把握。善于控制时间的人往往会花费一些必要的时间，对可能出现的结果多方考虑，这样才能在处理问题时，站在最有利的地方。

现实生活中，如果我们花在工作上的时间太多往往会引起家人的不满，引起家庭失和。这也会给你造成很大的损失。在工作中保持各种平衡是非常重要的。要想成功地控制生活，就必须对你花费时间的情况，做一番建设性的忠实评价。针对自己浪费时间的情况予以各个击破。当你能够支配你的一切活动时，相信最重要的成功因素就是你愿意把坏习惯去掉。

想一想，世界上每个人的时间都是一样的，而人和人的成就的差异可谓天壤之别。这该让我们猛然醒悟，做出成就的关键不在于你花了多少时间，如果是那样，那么世界上大多数人的成就应该差不多了。我们该知道关键不在这里。

勤奋人反省一下自己：是不是太忙碌了？这种忙碌到底给自己带来

了什么？是不是在身心俱疲的同时却忽略了效率？当你感到永远有做不完的事情，当你感到自己像个陀螺永远转不停，都快把自己转晕了时，你真该静止下来，冷静地想一想，自己是不是陷入了一个恶性循环的怪圈。要让自己的脚步慢下来，用宁静的心态、从容的脚步去做事，你可能反而获得比过去更高的成就。

不会休息的人就不会工作

工作和休息的冲突，往往是降低工作效率的主要原因，因为现有的工作程序或形式，阻碍了私人休息时间，使个人在工作时集中精力的程度不够，而未能达到预期的工作效果。大多数情况下，一个人觉得疲惫时，稍微放松休息一小会儿，往往会产生意想不到的奇效。

工作是人生中最大的快乐之一，它能提供多数成人主要的智力刺激和社会互动。它也是许多人唯一能参与竞争并获得掌声的舞台，使人们能获得其他任何地方都得不到的满足感。

努力工作除了可带来名声之外，还可带来财富、权力及擢升。虽然工作的意义重大，但是，如果你真的把每一分钟清醒的时间都用来工作，那就有可能是得不偿失。

现代人辛勤工作的不少，因为人们的生活节奏普遍加快，社会生活变得更加复杂，但是这些人却可能忘记了一个重要的事，就是“休息”。在很多人的观念中，总认为休息是迫不得已的，它和工作互相排斥会影响工作情绪、效率和时间。

古人形容一个人工作卖力时曾用“废寝忘食”进行称赞，也可见影响之深。人们普遍认为，一个人不宜将私事带进工作，但是工作却可以肆无忌惮地侵占私人的休息时间。因为人们有个根深蒂固的观念：只有勤奋工作是值得称赞的，休息则代表着偷懒或精力不济。因此他们千方百计增加工作的时间，缩短休息的时间，甚至极端的会成为工作狂，除了吃饭睡觉，几乎完全没有了休息的时间。

当代人很容易被拖进这个旋涡，就是工作时间占用过多的休息时间，危害了自己的健康，进而影响到工作。这就是人们已经逐步认识到的“现代病”。

虽然说从法律上现代人的工作时间大大缩短，但实际上人们的工作时间远远超过15年以前。1990年代美国曾进行的一项调查显示，平均美国人所享受的休闲时间，自1973年以来，已经下降了30多个百分点，工作时间也大大增加了。而管理者或生意人往往工作时间更长。

现在一般公司的工作时间，通常都是早9点至下午5点，8小时工作制。不过有的做老板的，觉得其利润与自己的工作表现成正比，所以很难正常工作8小时。他们一般很早就到了公司，等到所有员工都下班回家了，他们可能还在拼命苦干，晚上8、9点钟能回家就算不错的了，甚至熬到12点以后也是常事。

一般拼命工作的人都会有这样的体验：当早上已经连续拼搏了几小时，身体已很疲惫，到了中午时分，饥肠辘辘之时，便会觉得浑身疲惫到了极点。据统计，公司员工在中午开饭前半小时或下午临下班前的工作效率是极低的。

很多老板和公司员工，在公司里都不好意思休息，怕被人说成是偷懒。你想，在办公室里谁好意思趴在那儿打瞌睡呢？很多人尤其是老板工作繁忙之时，一般都会非常珍惜时间，即使累得要死，也是硬撑着咬牙坚持，或者喝杯浓茶咖啡之类的饮料提提神儿，然后继续进行那没完没了的工作。

如果觉得疲倦了，仍不停手地硬撑着干下去，虽然明知此时效率肯定会大打折扣，仍然认为休息是在浪费时间，还是死命地硬撑着，实在是非常愚蠢。而这样的人在办公室里其实不在少数。其实这样说穿了，难道不是自己欺骗自己吗？因为你工作的效果已非常有限，其实那可能才是真正的浪费时间。

会工作的人，也应该会休息。工作与休息是不可分割的，若处理不好，真不知对健康有多大的影响，给人多大的压力。等身体出毛病了，才真的认识到“欲速则不达”的道理。而且我们会发现生命中最宝贵的其实是健康，为了多挣一些钱，就损害健康太不值了。况且治病不也要花钱吗？还反而耽误了工作。

一个不太会休息的人总是会影响到公司的工作绩效。到头来工作没做好，休息时间也没有，真是太得不偿失了。

一般来说，坐办公室的人之所以会感到疲劳，主要是因为长时间维持同一个姿势，使血液流通不畅和肌肉疲劳。此时的疲惫其实是身体的生理反应，告诉你身体的某一部位负荷超重，需要休息。如果对此种反应麻木不仁，便可能生病。其实很多病在侵袭你的身体之前，你的身体都会给你警告，只是你没有注意罢了。所以，当身体出现疲倦的警告时，稍事休息才是最佳的选择。休息的时间不一定要睡觉，有时在办公室里散一会儿步，伸伸懒腰，到洗手间转一圈，喝点水，洗个脸，也是不错的选择。这些都可以令精神得到放松，使工作的效率大增。有时只要休息三五分钟就有很大作用。

如果休息时间太长，开始工作时，可能还得花一些时间才能重新找到刚才工作的感觉。

工作中过长的休息会降低工作效率。觉得疲倦时或者某一项工作完成之后，稍停一会儿，则会提高工作效率。

一个人成功的相关因素很多，光是把事情做好是绝对不够的。不会休息的人，也必然不会工作；会工作，就一定要会休息。

把时间用在投资回报高的事务上

勤奋的人一定要明白，花大量的时间去工作，并不一定能保证成功，如果对时间没有很合理的规划，对时间没有进行最充分的利用，工作多么努力都是无法产生效益的。成功的时间规划可能让你事半功倍。

勤奋的人常常是最忙碌的人，他们总是抱怨时间不够用，好像他们是最懂得珍惜时间的人。有太多勤奋的人花在工作上的时间很长，成效却不明显。而长此以往，反而对自己的健康以及生活中其他方面造成了损害。

对待时间，我们首先应该明白的是，人的时间是非常有限的，你必须争取把它花在最有用的事情上，也就是花在刀刃上。实际上，时间就是金钱。一个不珍惜时间，随意挥霍时间的人早晚会吞下懊悔的苦果。我们应该善于利用零散时间。生活中往往出现很多零散时间，要充分利用大大小小的零散时间，去做零碎的事，从而最大限度地提高工作效率。

有很多公司在召开会议上浪费了不少的时间。召开会议是为了沟通信息、讨论问题、安排工作、协调意见、作出决定。会议时间运用得好，可以提高工作效率，节约大家的时间；运用得不好，反而会降低工作效率，浪费大家的时间。

我们还要提防时间的窃贼。比如有很多人在寻找失物上浪费了不少时间。在美国，一家钟点工服务公司曾对许多大公司职员做过调查，他们发现公司职员每年都要把6周时间浪费在寻找乱放的东西上面。这意味着，他们每年要损失10%的时间！相信很多人都有相同的体会吧。如果你也像许多人一样，老是要寻找乱放的东西的话，解决办法是养成有条理的习惯。

其次我们要懂得如何处理时间。最具效率和最成功的人会把时间投资在重要的活动上，并在进行这些活动的过程中恰如其分地掌握好“度”。他们效率高超，与众不同地运用自己的时间。对于懒惰的成功者，或任何一个顶尖高手来说，把注意力集中在一些无关紧要的活动上是不会带来成功的。

你可以明智或愚蠢地运用时间。处理不好时间的问题，你可能会在工作和个人生活之间造成冲突。在工作中处理好时间问题最重要的一点是，集中精力处理那些真正能为你赚钱的项目。

同日常生活一样，公司生活中存在的一种倾向就是把问题复杂化。人们忙于处理大量的不仅耗时间而且完全毫无用处的活动。奇怪的是，如果工作狂们为了一些没有成果的项目而长时间地辛苦加班，他们就会自我感觉很重要。他们自我安慰说：“我很勤奋，很努力，所以我心安理得。”

如果你信奉“所有值得做的事情都要做好”，那你的结局就是把过多的时间、精力以及 金钱都投资在了一些不会给你带来真正回报的事情上。

再出色地完成那些错误的事情也不会给你的生活带来什么成功。比方说，如果你业务的关键环节是给客户打电话，那么你就应该把自己大部分的精力都集中在这件事情上。一个显而易见的道理是：花6小时擦桌子和花5分钟打电话，要比用1小时打电话和用5分钟擦桌子的效率的1/10还要少。这两种情况相比，在效率比较低的情况下，你的工作时间是6小时零5分钟，反之在效率高很多的情况下，你的工作时间却仅仅是1小时零5分钟。勤奋的人，你选择哪一种呢？根据有关专家的研究和许多领导者的实践经验，驾驭时间、提高效率的方法主要有以下几个方面：

千万不要平均分配时间。要把自己有限的时间集中在处理最重要的事情上，切忌不可每样都抓，要机智、果断地拒绝不必要的事、次要的事。一个事情来了，首先要问自己：“这件事情是否值得做？”不能遇到事情就做，更不能因为反正做了事，没有偷懒，就心安理得。这正是许多勤奋的人常犯的毛病。

规划时间的一个重要之点是要把握一日中精力充沛的时间，用它去做最重要的事。

如果你是一位经常坐办公室的人，那你办事的功效就会比体力劳动者具有更大的波动性。而你一天的大部分工作可能都是在某一段时间做好，这一段时间可称为精力充沛的时间。

对大多数人来说，每天的头两小时是精力充沛的时间。但是很多人并不知道这一点，而把这几小时花在例行事务上：阅读早晨来的信件、刊物、报纸，打几个例行的电话，等等。这真是一种浪费。我们应当把一天最好的时间用在最优先的重要事情上。因为这些事情需要以最好的精力、最敏锐的思维，以及最大的创造精神去做。

因此，你要把一天中最优先的一两项工作安排在你精力最充沛的时候去做，然后再做次要的工作。

优先安排做重要事情的时间，你就会工作重点突出，主次分明，做起事来有条不紊，这样的效果当然是显著的。时间的管理像任何管理工作一样重要。

以商界精英鲍伯·费佛为例，他在每个工作日里的第一件事，就是把当天要做的事分为三类：第一类是所有能够带来新生意，增加营业额的工作；第二类是使现有状态能够持续下去的一切工作；第三类则包括所有必须去做，但对企业和利润没有任何价值的工作。

在完成第一类工作之前，鲍伯·费佛绝不会开始第二类工作，而且在全部完成第二类工作之前，也绝不会着手进行第三类的工作。“我一定要在中午之前将第一类工作完全结束。”鲍伯给自己规定，因为上午是他认为自己最清醒、最有建设性的时间。

“我必须坚持养成一种习惯，任何一件事都必须在规定的几分钟、一天或一个星期内完成。每件事都必须有一个期限。如果坚持这么做，你就会努力赶上期限，而不是无休止地拖下去。”鲍伯说这就是期限紧缩的真正价值。

鲍伯·费佛可以说是时间的主人，一个真正的时间管理者。他的工作无疑是高效的。

还有一个秘诀是懂得利用“大块”时间。

除了某些自由的职业可以大致上完全控制自己的时间，大部分人没有必要为如何运用一天的每一分钟拟定详细的计划。因为你一定会遇到一些外来干扰或事前无法预知的事项，它们必然会破坏你拟定的计划，结果你就会泄气，认为做计划也没用。

实际上，我们每天的工作仍然需要计划。管理专家告诉我们一个时间运用计划成功的秘诀是：把时间分成许多“大块”，并订好计划运用。

这也就是说，用一段较长的时间去做一两件你必须在这一天做好的真正重要的事情，留下一定的没安排定的时间来接待访客、接听电话，以及做那些无法事先预知的突发事情和次要工作。

还要善于把握时机。时机是事物转折的关键时刻。抓住时机可以牵一发而动全局，以较小的代价取得较大的效果，促进事物的转化，推动事物向前发展，错过了时机，往往会使到手的成果付诸东流，造成“一着不慎，满盘皆输”的严重后果。所以，成功人士必须善于审时度势，捕捉时机，把握“关节”，恰到“火候”，赢得时机。

《有效的管理者》一书的作者杜拉克说：“认识你的时间，是每个人只要肯做就能做到的，这是一个人走向成功的有效的自由之路。”勤奋的人一定要明白，花大量的时间去工作，并不一定能保证成功，如果对时间没有很合理的规划，对时间没有进行最充分的利用，工作多么努力都是无法产生效益的。成功的时间规划可能让你事半功倍。

如果家庭被职业化了，说明你很失败

我们之所以会工作繁忙，原因是我们做了太多没有生产效率的事，浪费太多时间所致。

一位正在读一年级的学生问他母亲："为什么爸爸每天晚上都带着装满文件的公文包回家？"妈妈解释说："因为爸爸有太多的事要做，他在办公室里做不完，必须带回家晚上再做。""那么，"小孩子说，"他们为什么不把他放在益智班里呢？"

如果你是一位高级管理人员，也许你偶尔也会带些工作回家去做。这是你享受高层特权所必须付出的代价，当然有时也是正常的。不过，如果你经常把工作带回家，那一定是什么地方出了问题：可能是你计划做的事情太多，或者是没有有效地利用办公时间，还有可能是你有一种渴求同情的情绪，想使同事与家人认为你的工作是多么繁重。

当然，忙完了一天以后，应该让你的情绪和身体都摆脱你的工作。除非某些紧急事情，否则晚上在家里完成公事会产生负面效果，这样会使你精力衰竭，疏远你的家人。在家做公事的习惯也会减低你在办公室里把工作做完的动力，因为你会在单位里对自己说："如果我白天做不完这件工作，晚上还可以回家继续做。"

这样做真是无益。还是两手空空地回家吧，让你的身心都得到轻松和愉悦，让你的家人也与你分享幸福时光。

尽管实际上在所有的职业领域中大部分人都长期超时地辛苦工作，但也有少数人每天只工作几小时。让我拿作家毛姆为例。大部分作家都长时间辛苦地伏案工作。然而，毛姆每天却在早上9：30开始写作，而到下午1：00就结束了工作。他在午餐前先喝一杯马提尼酒。

午餐后，他就完全不做任何与工作相关的事情。

同理，尽管顾问、律师、工程师、医生和牙医都以长时间辛苦工作著称，但在这些职业中并不是每个人都遵循这个定律的。有一小部分人每个星期只工作30～35小时，而且也有着相当体面的收入。他们不是靠辛苦工作，而是靠开办自己的事务所和聪明地工作来实现这一点的。

通过保持较低的营业费用、把文书工作降到最低、有效地利用时间和资源，这些专业人士只用其同行业人士1/2或1/3的工作时间，就能得到那些人80%的收入。此外，由于这些轻松的专业人士能正确地看待金钱和财产，所以与那些辛苦劳作的其他同行相比，他们能更好地控制自己的个人消费习惯。所以即使他们的收入稍微少一些，但实际上他们得到的财富却很多。

不要仅仅因为大部分人都削尖脑袋拼命地工作，你也就必须要削尖脑袋。

像是削铅笔、清理桌面、打一些没有必要打的电话、泡一杯咖啡、拟计划表、草拟报告、做研究、打很多不重要的电话，等等。我们深信在进入正式工作之前，这些事情是非做不可的。事实上，有些工作是必要的。我们这里要研究的是那些没有必要引起繁忙的工作。

那些没有必要的工作一般有两种情况：一是我们不去做那些真正该做的事；二是我们实在没有什么事好做，但是，我们必须表现得很忙的样子。在这个工作狂的时代，繁忙的工作已经是一种艺术形式。因此，在某些情况来说，我们每天一定要花10～12小时在办公室，是一个不可避免的现象。

当你开始减少工作而增加休闲时，你首先舍弃的是繁忙的工作形态。我们很难界定，什么样的工作，才是繁忙的工作。因为，每种工作对每种人来讲，都有不同的难度；不过，即使你不想公开承认，你自己心里也有数，什么样的工作是繁忙的工作形态。我能告诉你的是，当你脱离繁忙的工作时，你的生活也会简朴许多。这并不是因为你的工作量少了，而是由于你更能从工作中得到满足，而提高工作效率。如果你在工作之前，就事先规划好一些事情的处理顺序，然后照着计划表进行工作，相信你的工作就不会再繁忙了。

我们通常会给自己制造许多老板也不会给你安排的不切实际的计划。总之，不管你每天工作10～12小时，为的是自己还是别人，你都应该减少你的工作量，即使你只在每个礼拜 中的一两天中，减少1～2小时的时间，相信必然会为你的工作带来更高的效率。

对于那些职业上班族来讲，他们可以对工作沉迷上瘾，就如有些人会对饮酒吸烟上瘾一样。这种瘾头的征候包括拒绝放假，周末也不能把办公室的工作置之脑后，公文包里塞满了要办的公文，甚至忙得连孩子上几年级都记不清了。

做出很多工作成果的人不一定都是“工作狂”，有很多人并不加班工作也取得很好的成绩。

他们有以下特点：他们合理运用时间来达到目标，而不是光从工作本身得到乐趣。他们不让工作干扰生活中非常重要的事情，诸如会见朋友、与家人团聚、钓鱼，等等。因此我们不能称他们为“工作狂”。

一般来讲，“工作狂”的形成有以下原因：没有能力控制工作，因为他们没有有效地运用时间，没有制定工作的优先次序、手忙脚乱、授权不够、拖延，等等。他们具有一种潜意识，想让自己沉浸在工作里面而不愿意出来。他们这样做可能是想逃避不愉快的家庭生活，想使人产生同情，想显示出自己不可或缺，认为没有令自己满意和快乐的休闲活动等。

不论原因是什么，处于“工作狂”这种状况的人显然只关注自己的“活动”——让自己一直保持忙碌，而不是“关心自己应该取得的成就”——把事情做好。对于这类人，他们可以求助于治疗，以帮助自己解决所面临的问题。可不幸的是，许多人都不去请教心理学家、精神病医师或心理治疗医师，直到情况非常严重。

对那些刚刚沦为“工作狂”的人来说，他们可以通过自我治疗来解决问题。可以问自己以下问题：你一生的目标是什么，以及你现在所做的事情是不是真的能够使你向自己的目标前进？健康在你的生活中居于一种什么位置，这样辛苦地工作对你的健康是否会产生不利影响？这是不是你可以接受的代价？你的家庭在你的生活中居于什么位置？你是否给予你的孩子和配偶足够的东西？你是不是欺骗了自己？你所做的牺牲真的是为了他们？

在你做出这些心理自诊以后，就应该采取一些治疗措施，如计划在下周二约你的妻子或丈夫一同去饭店吃顿午餐，周末带孩子去动物园等。因为你欠了他们的，也欠你自己的。

别把事情搞复杂，简化是成功的起点

效率往往就是从简化开始的。把事情化繁为简的一个关键是抓住事物的主要矛盾。永远要记住杂乱无章是一种必须祛除的坏习惯。

罗马的哲学家西加尼曾经说过“没有人能背着行李游到岸上”。在坐火车和坐飞机时，超重的行李会让你多花很多钱。在生活的旅途上，过多的行李让你付出的代价甚至还不仅仅是金钱。你可能不会像没有负担那样迅速地实现你的目标；更糟的是，你可能永远都不会实现你的目标。这不仅会剥夺你的满足感和快乐，而且最终它还会让你发疯。

纵观人类发展史，效率往往就是从简化开始的。赵武灵王提倡“胡服骑射”，结束了“战车时代”，靠简化在军事上作出了卓越贡献。秦始皇统一文字，统一货币，统一度量衡，靠简化推进了社会的进步。在当今科学技术、社会发展日新月异的时代，用简化的方法提高效率，加快自我致富的步伐，仍然具有重要意义。

在现实生活中，有这样两种类型的人：一种是善于把复杂的事物简单化，办事又快又好；另一种是把简单的事物复杂化，使事情越办越糟。当我们让事情保持简单的时候，生活显然会轻松很多。不幸的是，倘若人们需要在简单的做事方法和复杂的做事方法之间进行选择，我们中的大部分人都会选择那个复杂的方法。如果没有什么复杂的方法可以利用的话，那么有些人甚至会花时间去发明出来。这也许看起来很荒谬，但真有不少这样的事。很多勤奋人就在做这样的事。

我们没有必要把自己的生活变得更复杂。爱因斯坦说：“每件事情都应该尽可能地简单，如果不能更简单的话。”我们不必担心人们会让他们生活中的事情变得太简单。问题刚好相反：大部分人把他们的生活变得太复杂化，而且还总奇怪为什么他们有这么多令人头疼的事情和大麻烦。他们恰恰是那些外表看起来很勤奋的人。

生活中有很多“勤奋的人”沉迷于找到许多方法使个人生活和业务变得复杂化。他们在追求那些不会给他们带来任何回报的事情上浪费了大量的金钱、时间和精力。他们和那些对他们毫无益处的人待在一起。在某种程度上这简直像受虐狂。

许多勤奋人都趋于把自己的生活变得更困难和复杂。他们快被自己的垃圾和杂物活埋了，那就是他们的物质财产、与工作相关的活动、关系网、家庭事务、思想和情绪。这些人无法实现像他们所希望的那么成功，原因是他们给自己制造了太多的干扰。

把事情化繁为简的一个关键是抓住事物的主要矛盾。必须善于在纷纭复杂的事物中，抓住主要环节不放，“快刀斩乱麻”，使复杂的状况变得有脉络可寻，从而使问题易于得到解决。

同时它还意味着要善于排除工作中的主要障碍。主要障碍就像瓶颈堵塞一样，必须打通，否则工作就会“卡壳”，耗费许多不必要的时间和精力。

永远要记住，杂乱无章是一种必须祛除的坏习惯。有些人将“杂乱”作为一种行事方式，他们以为这是一种随意的个人风格。他们的办公桌上经常放着一大堆乱七八糟的文件。他们好像以为东西多了，那些最重要的事情总会自动“浮现”出来。对某些人来说他们的这个习惯已根深蒂固，如果我们非要这类人把办公桌整理得井然有序，他们很可能会觉得像穿上了一件“紧身衣”那样难受。不过，通常这些人能在东西放得这么杂乱的办公桌上把事情做好，很大程度上是得益于一个有条理的秘书或助手，弥补了他们这个杂乱无章的缺点。

但是，在多数情况下，杂乱无章只会给工作带来混乱和低效率。它会阻碍你把精神集中在某一单项工作上，因为当你正在做某项工作的时候，你的视线不由自主地会被其他事物吸引过去。另外，办公桌上东西杂乱也会在你的潜意识里制造出一种紧张和挫折感，你会觉得一切都缺乏组织，会感到被压得透不过气来。

如果你发觉你的办公桌上经常一片杂乱，你就要花时间整理一下。把所有文件堆成一堆，然后逐一检视（大大地利用你的字纸篓），并且按照以下四个方面的程度将它们分类：即刻办理；次优先；待办；阅读材料。

把最优先的事项从原来的乱堆中找出来，并放在办公桌的中央，然后把其他文件放到你视线以外的地方——旁边的桌子上或抽屉里。把最优先的待办件留在桌子上的目的是提醒你不要忽视它们。但是你要记住，你一次只能想一件事情，做一件工作。因此你要选出最重要的事情，并把所有精神集中在这件事上，直到它做好为止。

每天下班离开办公室之前，把办公桌完全清理好，或至少整理一下。而且每天按一定的标准进行整理，这样会使第二天有一个好的开始。

不要把一些小东西——全家福照片、纪念品、钟表、温度计，以及其他东西过多地放在办公桌上。它们既占据你的空间也分散你的注意力。

每个坐在办公桌前的人都需要有某种办法来及时提醒自己一天中要办的事项。电视演员在拍戏时，常常借助各种记忆法，使自己记得如何叙说台词和进行表演。你也可以试试。这时日历也许很有帮助，但是最好的办法可能是实行一种待办事项档案卡片（袋）制度，一个月每天都有一个卡片（袋），再用些卡片袋记载以后月份待办事项。要处理大量文件的办公室当然就需要设计出一种更严格的制度。

此外最好对时间进行统筹，比如到办公室后，有一系列事务和工作需要做，可以给这些事务和工作安排好时间：收拾整理办公桌3分钟；听取秘书对一天工作的安排5分钟；对秘书指示关于某一报告的起草15分钟，等等。

总之，那些容易把事情复杂化的无数勤奋人应该学会的一种能力是：清楚地洞察一件事情的要点在哪里，哪些是不必要的繁文缛节，然后用快刀斩乱麻的方式把它们简单化。这样不知要节省多少时间和精力，从而能大大提高你的效率。

结果最具说服力，别浪费时间下脚料

做得够多不等于做得够好。克莱门特·斯通曾说："在职业生涯中，我让自己养成了只依据人们的成果来支付他们报酬的习惯。成果比任何华丽辞藻更具有说服力。"

我们在工作中要明白的一个重要的道理就是做得够多不等于做得够好。有很多没有把工作做好的人会给自己找一个借口："我做得已经够多了。"那么，要怎么帮助这些人脱离这种心态呢？这些人要如何才能了解、最终的目的是要达成目标，而不是避免受责？

要处理这种逃避责任的心态，可问诸如下列的问题：你如何看待工作上的责任？你觉得责任极限在哪里？你如何认定自己做得已经够多了呢？如果你已经做了你平常该做的事，但是问题还是无法解决，或者目标还是无法达成，你的下一步是什么？你如何决定何时停止一切尝试解决问题的举动？你要如何解释自己这个决定？如果你是公司老板，你会希望员工撑得比你久，做事比你现在努力吗？你能否想象自己无限制地做下去，直到达成目标？如果这么做的话，你会有什么感觉？

讲到这里，我们必须强调一点。我们并不是在说，公司的员工必须不择手段达到工作目标，甚至要牺牲自己其他生存的价值，诸如健康、家庭、休闲，等等。这样做只会让自己对自己更不负责而已。我们所提倡的，是在合理的范围之内，也就是在不会危害到个人生活的范围内，如果目标尚未达成的话，就必须审慎思量自己所谓"做得够多了"是什么意思。

当我们谈到经济价值的时候，讨论的话题总是集中在各种形式的成果上，最终得到的报酬只是取得的成果，而不会包括人们的好心肠或者努力的尝试。道歉或者借口也得不到任何的收入。

要想在工作中取得成果，就要注意不要盲目地做事情，而要做真正值得的事。大多数看上去值得做的事情并不值得你付出最大努力。显然，根本不值得去做的事情是最浪费我们时间的事情。大部分人在忙于做一些没有太大价值的工作，而这些工作并不能有助于我们过上具有效率、成就感的快乐生活。

很多人混淆了工作本身与工作成果。他们以为大量的工作，尤其是艰苦的工作，就一定会带来成功。但任何活动本身并不能保证成功，且不一定是有用的。许多人埋头苦干，却不知所为何事，到头来发现与成功擦肩而过，却为时已晚。

增值效应——用更少的时间做更多的事

人们不论干什么事情，都要讲求效率，效率高者，事半功倍；反之，则事倍而功半。

历史上凡是事业真正有成效的人，工作和学习时总是注意力高度集中，达到如痴如醉的程度。

例如，居里夫人小时候读书很专心，完全不知道周围发生的一切，即使别的孩子为了跟她开玩笑，故意发出各种使人不堪忍受的喧哗，都不能把她的注意力从书本上移开。有一次，她的几个姐妹恶作剧，用六把椅子在她身后造了一座不稳定的三脚架。她由于在认真看书，一点也没有发现头顶上的危险。突然，三脚架轰然倒塌，居里夫人也摔倒在地上，但手中还捧着书，一脸茫然，以为发生了地震。

这样的例子还有很多：大科学家牛顿把怀表当鸡蛋煮；黑格尔思考问题时，竟然在同一地方站了一天一夜；爱因斯坦看书入了迷，把一张价值1500美元的支票当书笺丢掉了。

怎样使注意力高度集中呢？一个必要的条件就是：使刺激引起的兴奋强烈起来。爱迪生在实验室可以两天两夜不睡觉，可是一听音乐便会呼呼大睡；苍蝇是四害之魁，瘟神之首，可是在仿生学家眼里，苍蝇竟成了“彩页”。可见，注意力与兴趣有着直接的关系。兴趣大的事情，对人的刺激就大，兴奋程度就高，注意力就容易集中。

古语说：“书痴者文必工，艺痴者技必良。”注意力的聚集所迸发出的智慧的火花，点燃了科学史的引擎，又推动着事业的前进。学会使自己的注意力高度集中，提高时间利用率，是使自己学有所长的一个重要方法。当然，由于工作性质的不同或是学习是在业余时间进行的，长期把注意力集中在一个方面不可能，那就需要把注意力恰当地分配，同时注意几个方面。这样可能吗？当然可能。爱迪生从1869年到1901年，正式登记的发明有1328项之多，有许多发明是同时进行的，而且各个项目在进行中又是互相交叉、互相启发的。有的专家认为，一个人在一段时间内可以平行进行的项目，最多为七项。怎样分配自己的注意力呢？一种是“阶段性突击式”的分配方法，即在一段时间里集中注意力从事一个项目。另一种是“课程表式”的分配方法，它是一种每天有节奏地在不同时间里进行不同的工作方法，如同学校的课程表一样。

在一个精简的机构里，大家因为都太忙了，而不会去弄出些无足轻重的事，因此他们不会有这些问题，就算有，程度也不会太大。

这个理论是有一些道理的，约一个人一同吃午饭是能够有效利用时间。不过，大多数会产生反效果：一共用去了两小时，通常还会使你吃得比平时多（还可能包括一两杯酒），以至于下午精神不济。实际上你用了两小时的时间，只做了可以用20分钟做到的事。

很多人发现把午餐时间延迟到下午一点钟或一点钟以后，而用正午时间来办事效果更好。在大多数的办公室里，这段时间的电话等干扰会比较少；在大家赶着吃饭的时间过了以后，再到饭店去可以得到比较快的服务。

保护自己的周末。除非有紧急情况，否则不要让工作延长到周末——如果上帝在工作了六天之后还需要休息，那么你是谁呢？居然认为你不需要改变一下步骤。

周末运动、轻松一番，完全远离办公室或工厂的事务，有助于有效运用下一周的时间。如果偶尔计划出一个长的周末，那就尽管去度一个长的周末。

计划如何运用自己的周末，不要总是随便就接受，否则会让自己不知所措。为周末拟订出一些特别的计划，可以提高这一周的工作士气，刺激起要把一周工作做完的兴趣，使工作不会干扰到周末的计划。

最重要的是，要认识到今天是我们唯一能运用的时间。过去已经是一去不回，未来只是一种概念。这个世界上每一件事情的完成，都是由于某一个人认识到今天是行动的时间。

19世纪苏格兰作家、历史学家及哲学家卡莱尔曾说："我们的主要工作不是去看未来还看不清楚的东西，而是去做目前手头上的事情。"19世纪英国散文家、批评家和社会改革家罗斯金把"今天"这两个字刻在一小块大理石上，放在桌子上，好经常提醒自己要"现在就办"。

那些缠身的琐事，有趣吗

不要浪费时间。它的含义是说不要因为睡觉、玩耍、闲聊等没有价值的事，过多地使用时间。但还有更重要的一点是说不要做没有结果的事情。没有结果的事就是不值得做的事情。

做不值得做的事，会让自己误认为完成了某件有意义的事情，从而心安理得；做不值得做的事，会消耗自己做有价值的事的时间；做不值得做的事，就是浪费自己的生命；不值得做的事，会造成一种误解，你越是做不值得做的事，就越觉得自己有毅力。

因此，对于想做一件事，一直做不出名堂的人来说，美国著名成功学家拿破仑·希尔的观点是，如果一开始没成功，再试一次还不成功就该放弃，愚蠢的坚持毫无益处。

停止做琐碎无价值的工作

琐碎而无价值的工作指的是一些不重要的任务或工作，而且报偿低。它消磨你的精力和时间，使你不能处理更为重要且当务之急的工作。琐碎无价值的工作可能是将文件归档、清理办公桌抽屉、日常文书工作或者没有紧迫任务时，任何人都可以做的那种工作。

解决方法：

作为管理人员你可以在你的办公桌前放一大块字牌："任何时候，只要可能，我必须做最有成效的事情。"以此，尽可能减少琐碎无价值的工作。当你开始做琐碎工作，作为拖延重要工作的借口时，看看字片就知道自己又在浪费时间了。

当你陷入琐碎工作中时，一定要自我反省。问问自己：你现在的动作是否接近你最优先考虑的事情？如果不是，就终止它们，并着手重要的事项。让自己变成时间的驾驭者，减少例行公事、多参与困难的决策和计划。如此一来，你就会增加自身价值和晋升的机会。

克服在办公室里说东扯西的习惯

当你允许别人在工作时间侵占你的时间越长，你就越难摆脱他们。要想让自己的事业获得相当的发展，人际交往是不可或缺的，但是如果让别人侵占了你宝贵的时间，那你就没有时间去做高报偿的工作了。

最要命的是，这些侵吞你时间的人，大都是你的亲朋好友，使你拉不下面子拒绝或下逐客令。但是，你要了这个“面子”，就会丧失事业上的那个“面子”。因此，为了生活和事业，每个人一旦遇到“时间大盗”，必须学会说“不”！

解决方法：

你得通过你的一切表现，明白地告诉所有认识你的人：“我绝对不是那种让别人浪费我时间的人！”你在别人心目中建立起这种印象之后，“时间大盗”在你的门前就会望而却步。

增效法则——采用正确的方法，就能把事做好

采用正确的方法，你就能把事情做好。

善于利用时间的人，具有深思熟虑的能力，并能选定做事的最佳方法。例如，在写一封重要信函之前，他们总会先计划一下自己要说什么，找出完整的资料，然后再动笔写信。

观察别人在家中、公司里是如何处理事情的，以及他们所采用的方法。正确的方法能使你在充满竞争的世界中，凡事事半功倍，而非事倍功半。

将时间集中于高报偿的工作

最初开始工作，你对你的上司说，你能做高报偿的工作。而今，琐碎的日常工作使你不能自拔。此时你必须将自己的兴趣转移到高报偿或是重要的工作上，从而从烦琐的事务中解脱出来。

解决方法：

把高报偿工作分成几个步骤。比如你要写一篇关于你公司广告活动的报告。首先，你要确定这项活动的主题。一旦完成了主题，你便能写出几份广告来。下一步你就要考虑该将广告登在何处等。

注意：你按照计划中的步骤一步步进行，在工作开始告成之际，就将情况告知他人，这件工作使你难以忘怀，成了你利用时间计划中的重要部分。

成功时，一定要奖励你自己。给予你自己一种奖励，可以使你在工作中更有冲劲。一些富于创新精神的公司也采用奖励方法，以增加干劲和提高工作效率。

做事的方法应因时因地而变

在日常工作中你已经形成了一套处理工作的习惯性程序，无论什么

事情，你总是一次又一次地以同样的方式去完成。但是工作完成之后，你总是觉得浪费了时间。

解决方法：

以不同的方式看待一件工作，经常问自己：你能以别的方式去做吗？你们办公室或是家里能有别人帮忙吗？

试着将你的时间划分为不可控制时间和可控制时间。不可控制时间是一天之中的一部分。例如，在这当中，你必须于上午十一点前完成生产报告，或你必须参加上司召集的一次会议。可控制时间也是一天之中的一部分，在这当中，你可以决定你想做的工作，你有时间考虑你想如何利用一天中的这部分时间。

善于利用时间的人都善于运用可控制时间。他们明白自己只有有限的时间，所以他们要在最大限度内利用这些时间。

一旦处于可控制时间阶段，就赶紧列出要做的事项表，分出轻重缓急，着手进行最重要的工作，直到完成。

防止工作被经常性地打断

一天开始，当你正着手当务之急的工作时，电话铃声响起、邮件寄到、客户询问，然后又有同事要求跟你谈工作的体会等，使你把当务之急的工作搁置一旁，卷入这些事务之中。一天过去了，你发现还没开始你当务之急的工作。

解决方法：

毫不犹豫地立即着手你当务之急的工作，因为它将带给你所需要的报偿，以使工作有成就。

一天当中，总会有一些小干扰，你必须要能够一而再、再而三地回到原位，以继续首要的工作才行。因为花过多的时间做毫不相干的事情，会直接影响你完成当务之急的任务。

你也可以在你办公桌上放一个文件夹，取名为（1）号文件夹。早晨上班时，就着手做这个文件夹中的（1）号工作，直到完成，只有完成了

（1）号工作，才能进行下一个最重要的工作。如果不这样做，你就可能永远完成不了最重要的工作。

充分利用黄金时间

一天当中，相比较之下，工作效率最高的时间是在上午十一点到下午一点之间，其余时间会稍微有所下降。

解决方法：

制定出你的工作效率和程度表。一天之中，什么时间电话铃会响个不停？什么时间会议次数最多？什么时间最忙？这些情况将告诉你，人们在什么时候精力达到最高水平。然后尽量挖掘这种潜力。

把重要的约会和会议安排在上午十一点左右，你便能与处在最佳状态的人们打交道，而且可以获得最高效率。

若大清早就召开重要会议，人们或许还在想着周末或昨天晚上的事，难以进入会议的主题。如果会议是在下午五点召开，你更会发现许多同仁精神不济，会议的实效也会减少。

所以在处理重要事件时，一定要懂得掌握黄金时间。

灵活改变已订工作计划和事项

你的计划全部安排好了。但现在你必须要占用你的时间，会见来面试的几名求职者。这个很重要，你急需让人填补上空缺，以便能放心做你的高报偿工作。高报偿工作就是以更多的金钱作为报偿，或是能给工作带来更多的成果的工作。你跟上司花了三天时间，会见几名求职者。此时，公司中又有其他问题发生，你们的大客户对上次交易的货品抱怨不已，他暗示可能去跟别人做生意。你该怎么办？

解决方法：

什么是高报偿工作？自然，顾客最为重要。照顾你顾客的需要，你们的客户必然感到满意。

为了公司，也为了你个人的利益，你必须视情况调整工作重心。如果你们失去大客户，也就不再需要面试其他人员了，因为你们将会损失一部分赢利。善于控制时间的人都懂得适度改变计划。

一旦你使不高兴的客户满意了，你就可以再去会见不被淘汰的求职者。你必须要随着情况的变化而变化，否则，你就会因小失大，铸成大错了。

制定一个日常工作的定额

你今天打算完成什么工作？怎样去充分利用这一天呢？为自己确定出工作定额，才不致虚度一天。

解决方法：

日常工作定额将帮助你实现每周的、每月的，以及最终每年的定额。当然也有日常定额不能完成的，例如生病、事假，等等。但是如果大多数时间你完成了定额，你就会取得成功。

因此你必须检查一下你需要什么样的日常工作定额，完善你的最佳定额，以实现自己的目标。如果你不愿意脚踏实地做日常工作，就永远不会获得成功。所以为自己制定出工作定额，下决心去实现它吧！

不要翻来覆去地检查每件事

参加元旦活动的邀请人名单已经查过一遍了，增列了一些人，又去掉了一些人，反反复复折腾个没完；有关内部人员使用电话的报告，你已经重新写过十七次，因为你想在文字上达到尽善尽美。出现以上情形的原因是你想使一切都完美无缺，即使没有什么正当理由，你也要对事情做一些改变。

解决方法：

问问自己是否需要这种过分强调精致且耗费时间的完美？你需要对一切事都重新检查吗？

在某些情况下，是必须力求精确的，但是真正的完美是难以达到的。因此正确的做法是给自己一个时间表，尽自己最大的努力。当你发现事事追求尽善尽美的做法有所减少，也许，你就能集中精力从事其他重要活动了。

舍弃不必要的个人及外事活动

你准备与你们银行最重要的客户在上午十一点会面。电话响了，是一位学校校长找你，请求你对他们教学的资金筹措计划给予帮助，你爽快地答应了这位校长，可是，接着他又告诉你学校近来的变化以及他们未来的目标等。你迅速瞥了一眼时钟，发现只剩下五分钟，你和客户的重要会议即将开始。你告诉这位校长，你得放下电话了。刚放下电话，电话又响了起来，一支足球队的教练要你协助为本年度门票设计广告活动，以增加他们的资金，你个人及外面的活动日益束缚住你的事业上所追求的目标。

解决方法：

冷静地思考一下为什么你从事了每一项活动？时过境迁之后有所变化吗？今天看来还有必要吗？

砍掉那些毫无意义的活动，保留那些对你重要的活动才是解决之道。

一位企业经理的解决办法，是把个人和外面的活动限制在下班以后的时间（下午六点以后）。

另一位经理的解决办法，是他规定工作时不接私人电话、不办私事或参加外面的活动。尽量把过量的其他活动减少到最低限度。